中华人民共和国住房和城乡建设部

绿色建筑工程消耗量定额

TY 01-01(02)-2017

中 国 计 划 出 版 社

2017 北 京

图书在版编目（CIP）数据

绿色建筑工程消耗量定额 : TY 01-01(02)-2017 / 浙江省建设工程造价管理总站主编. -- 北京 : 中国计划出版社, 2017.3(2017.7重印)
ISBN 978-7-5182-0581-3

Ⅰ. ①绿… Ⅱ. ①浙… Ⅲ. ①生态建筑－建筑工程－消耗定额 Ⅳ. ①TU723.34

中国版本图书馆CIP数据核字(2017)第036192号

绿色建筑工程消耗量定额
TY 01-01(02)-2017
浙江省建设工程造价管理总站　主编

中国计划出版社出版发行
网址：www.jhpress.com
地址：北京市西城区木樨地北里甲11号国宏大厦C座3层
邮政编码：100038　电话：(010) 63906433（发行部）
北京市科星印刷有限责任公司印刷

880mm×1230mm　1/16　10.75印张　317千字
2017年3月第1版　2017年7月第2次印刷
印数 3001—6000册

ISBN 978-7-5182-0581-3
定价：63.00元

主编部门：中华人民共和国住房和城乡建设部

批准部门：中华人民共和国住房和城乡建设部

施行日期：2017年4月1日

住房城乡建设部关于印发
绿色建筑工程消耗量定额的通知

建标〔2017〕28 号

各省、自治区住房城乡建设厅，直辖市建委，国务院有关部门：

为贯彻落实国务院绿色建筑行动方案有关"制定绿色建筑工程定额和造价标准"的要求，满足绿色建筑工程计价需要，我部组织编制了《绿色建筑工程消耗量定额》，现印发给你们，自 2017 年 4 月 1 日起执行。执行中遇到的问题和有关建议请及时反馈我部标准定额司。

《绿色建筑工程消耗量定额》由我部标准定额研究所组织中国计划出版社出版发行。

中华人民共和国住房和城乡建设部

2017 年 1 月 23 日

总 说 明

一、为深入贯彻和落实创新、协调、绿色、开放、共享的发展理念,助推绿色建筑发展,满足绿色建筑工程项目的计价需要,合理确定和有效控制其工程造价,根据有关规范、规程、标准,制定《绿色建筑工程消耗量定额》(以下简称本定额)。

二、本定额适用于按照国家《绿色建筑评价标准》GB/T 50378—2014 要求进行设计、施工及验收的建筑工程项目。

三、本定额是完成规定计量单位分部分项、措施项目所需的人工、材料、施工机械台班的消耗量标准,是各地区、部门工程造价管理机构编制建设工程定额确定消耗量,以及编制国有投资工程投资估算、设计概算和最高投标限价(标底)的依据。

四、本定额作为现行《房屋建筑与装饰工程消耗量定额》(TY 01—31—2015)、《通用安装工程消耗量定额》(TY 02—31—2015)和《市政工程消耗量定额》(ZYA 1—31—2015)等的补充,与之配套使用。本定额仅包括绿色建筑中有代表性的定额项目,对绿色建筑中其他未包括的项目,应根据本定额有关说明按《房屋建筑与装饰工程消耗量定额》(TY 01—31—2015)、《通用安装工程消耗量定额》(TY 02—31—2015)和《市政工程消耗量定额》(ZYA 1—31—2015)等相应项目及规定执行。

五、本定额共五章,包括节地与室外环境、节能与能源利用、节水与水资源利用、节材与材料资源利用、室内环境工程。

六、本定额按现行的施工验收规范、质量评定标准和安全操作规程,根据正常的施工条件和合理的劳动组织与工期安排,结合国内大多数施工企业现阶段采用的施工方法、机械化程度进行编制。

七、关于人工。

1. 本定额的人工以合计工日表示,并分别列出普工、一般技工和高级技工的工日消耗量。

2. 本定额的人工包括基本用工、超运距用工、辅助用工和人工幅度差。

3. 本定额的人工每工日按 8 小时工作制计算。

八、关于材料。

1. 本定额采用的材料(包括构配件、零件、半成品、成品)均为符合国家质量标准和相应设计要求的合格产品。

2. 本定额中的材料包括施工中消耗的主要材料、辅助材料、周转材料和其他材料。

3. 本定额中材料消耗量包括净用量和损耗量。损耗量包括从工地仓库、现场集中堆放地点(或现场加工地点)至操作(或安装)地点的施工场内运输损耗、施工操作损耗、施工现场堆放损耗等,规范(设计文件)规定的预留量、搭接量不在损耗中考虑。

4. 本定额中所使用的砂浆均按干混预拌砂浆编制,若实际使用现拌砂浆或湿拌预拌砂浆时,按以下方法调整:

(1)使用现拌砂浆的,除将定额中的干混预拌砂浆调整为现拌砂浆外,砌筑定额每立方米砂浆增加一般技工 0.382 工日,200L 灰浆搅拌机 0.167 台班,同时扣除原定额中干混砂浆罐式搅拌机台班;其余定额按每立方米砂浆增加一般技工 0.382 工日,并将原定额中干混砂浆罐式搅拌机调整为 200L 灰浆搅拌机,台班含量不变。

(2)使用湿拌预拌砂浆的,除将定额中的干混预拌砂浆调整为湿拌预拌砂浆外,另按相应定额中每立方米砂浆扣除一般技工 0.2 工日,并扣除干混砂浆罐式搅拌机台班数量。

5. 本定额的周转材料按摊销量进行编制,已包括回库维修的耗量。

6. 对于用量少、低值易耗的零星材料,列为其他材料。

九、关于机械。

1. 本定额中的机械按常用机械、合理机械配备和施工企业的机械化装备程度，并结合工程实际综合确定。

2. 本定额的机械台班消耗量是按正常机械施工工效并考虑机械幅度差综合确定，每台班按 8 小时工作制计算。

3. 凡单位价值 2000 元以内、使用年限在一年以内的不构成固定资产的施工机械，不列入机械台班消耗量，作为工具用具在建筑安装工程费中的企业管理费考虑，其消耗的燃料动力等已列入材料内。

十、绿色建筑措施项目费除本定额另有说明外，按照《房屋建筑与装饰工程消耗量定额》（TY 01—31—2015）、《通用安装工程消耗量定额》（TY 02—31—2015）和《市政工程消耗量定额》（ZYA 1—31—2015）等有关规定计算。

十一、本定额的工作内容已说明了主要的施工工序，次要工序虽未一一列出，但均已包括在内。

十二、本定额中遇有两个或两个以上系数时，按连乘法计算。

十三、本定额凡注明"××以内"或"××以下"的，均包括"××"本身；注明"××以外"或"××以上"的，则不包括"××"本身。

十四、定额中未注明或省略的尺寸单位，均为"mm"。

十五、本说明未尽事宜，详见各章说明及附注。

目　　录

第五章　室内环境工程

附录　绿色建筑增量成本参考指标

第一章　节地与室外环境

说　明

一、本章定额包括屋顶绿化、垂直绿化、绿化养护和室外透水地面四节，共 129 个定额项目。

二、由于我国幅员辽阔，绿化养护的要求、内容、方法差异较大，各省、自治区、直辖市建设行政主管部门可根据本章定额绿化养护子目并结合当地实际情况进行调整。

三、本章定额包括种植后绿化地周围 2m 内的清理工作，但不包括种植前清除建筑垃圾及其他障碍物。

四、屋面防水卷材、滤水层定额消耗量中已包括了卷材及土工布的搭接、拼缝、压边、留槎用量，不另单独计算。

五、绿化养护是指苗木种植完工验收后的存活养护，本定额绿化养护子目的养护期为一年。

六、单独屋顶绿化工程的垂直运输费用可另行计算。

七、本定额中的苗木高度指地表面至苗木顶端的高度；苗木冠径又称冠幅，指苗木冠丛垂直投影面的最大直径和最小直径之间的平均值；蓬径指灌木、灌丛垂直投影面的直径；胸径指地表面向上 1.2m 高处的树干直径；地径指地表面向上 0.1m 高处的树干直径。

八、苗木土球直径按照设计要求确定。当设计无要求时，按以下规定执行：

1. 乔木的土球直径按照胸径的 8 倍计算，不能按照胸径计算的，按照地径的 7 倍计算；棕榈科苗木的土球直径按照地径增加 50cm 计算。

2. 丛生状的亚乔或大灌木按其蓬径的 1/3 计算土球直径。

九、以地径计量的乔木发生裸根栽植及养护时，按其地径乘以系数 0.88 换算成胸径后，套用相应乔木定额。

十、单一品种成片栽植套用灌木、藤本片植定额。成片栽植是指每块种植面积在 $5m^2$ 以上，种植密度每平方米大于 6 株，且三排以上排列的一种成片栽植形式。

十一、本章定额中设有“每减 1cm”的子目适用于压实厚度 20cm 以内的结构层铺筑。压实厚度 20cm 以上的按照两层结构层铺筑，以此类推。

工程量计算规则

一、屋顶绿化、垂直绿化、绿化养护。

1. 屋面防水卷材、滤水层，按设计图示尺寸以面积计算，不扣除房上烟囱、风帽底座、风道、屋面小气窗等所占面积，上翻部分也不另计算；屋面的女儿墙、伸缩缝和天窗等处的弯起部分，按设计图示尺寸计算；设计无规定时，伸缩缝、女儿墙、天窗的弯起部分按 500mm 计算，计入立面工程量内。卷材附加层按设计铺贴尺寸以面积计算，并入相应的卷材工程量内。

2. 陶粒蓄水层、屋顶花园土方按设计图示尺寸的铺设体积计算，屋顶花园土方绿地细平整按设计需平整的面积计算。

3. 乔木栽植根据种植方式不同，按设计图示数量以“株”计算；乔木养护区分常绿和落叶，按设计需养护数量以“株”计算。

4. 单一品种成片的灌木、藤本栽植及养护，按设计图示面积计算；单株(丛)的灌木栽植及养护，按设计图示数量以“株”计算。

5. 绿篱栽植及养护，按设计图示长度计算。

6. 散生竹栽植及养护，按设计图示数量以“株”计算；丛生竹栽植及养护，按设计图示数量以“丛”计算。

7. 花卉栽植，按设计图示数量以“株”计算；花卉养护，按需养护面积计算。

8. 草坪栽植及养护，按设计图示尺寸以面积计算。

9. 树木支撑区分支撑材料及支撑形式不同，按设计图示数量以“株”计算。

10. 草绳绕树干区分胸径不同，按设计卷杆高度计算。

11. 垂直绿化墙及基层，按设计图示面积计算；爬藤钢索按设计图示数量以“根”计算。

二、室外透水地面。

1. 各类垫层按设计图示面积计算，不扣除各类井所占面积。

2. 各类透水面层按设计图示面积计算，不扣除各类井所占面积，但扣除与路面相连的平石、侧石和缘石所占的面积。

一、屋顶绿化

1.绿化基层及土方

工作内容:清理基层,铺设卷材等全部操作过程。 **计量单位**:100m²

定额编号				1-1	1-2
项目				耐根穿刺改性沥青卷材	土工布过滤层
名称			单位	消耗量	
人工	合计工日		工日	2.770	1.224
	其中	普工	工日	0.831	0.368
		一般技工	工日	1.662	0.734
		高级技工	工日	0.277	0.122
材料	耐根穿刺复合铜胎基 SBS 改性沥青卷材		m²	115.635	—
	改性沥青嵌缝油膏		kg	5.977	—
	液化石油气		kg	26.992	—
	SBS 弹性沥青防水胶		kg	28.920	—
	土工布		m²	—	111.500
	圆钉		kg	—	1.090

工作内容:清理基层,铺设排水板、粒料等全部操作过程。 **计量单位**:100m²

定额编号				1-3	1-4
项目				排水板	陶料蓄水层
					厚度(cm)
					18
名称			单位	消耗量	
人工	合计工日		工日	0.926	3.994
	其中	普工	工日	0.277	1.199
		一般技工	工日	0.556	2.396
		高级技工	工日	0.093	0.399
材料	排水板		m²	107.000	—
	陶粒		m³	—	18.270
	强力胶		kg	12.000	—

工作内容：切管、组对、连接等全部操作过程。

计量单位：10m

定额编号				1-5	1-6
项目				铺设透水管	
				外径(mm)	
				≤110	≤200
名称			单位	消耗量	
人工	合计工日		工日	0.779	1.111
	其中	普工	工日	0.195	0.277
		一般技工	工日	0.506	0.723
		高级技工	工日	0.078	0.111
材料	塑料盲管 φ100		m	10.100	—
	塑料盲管 φ200		m	—	10.100
	土工布		m^2	35.000	75.000
	锯条(各种规格)		根	0.548	—
	水		m^3	0.132	0.505
	其他材料费		%	2.000	2.000
机械	木工圆锯机 500mm		台班	—	0.014
	载重汽车 5t		台班	—	0.012
	汽车式起重机 8t		台班	—	0.057

工作内容：就地取土、推土、夯实、修正，绿地粗整平；表面松翻、耙细、去除小颗粒杂物。

计量单位：m^3

定额编号				1-7	1-8	1-9
项目				屋顶花园土方		绿地细平整
				成品种植土	掺料种植土	$10m^2$
名称			单位	消耗量		
人工	合计工日		工日	0.290	0.500	0.500
	其中	普工	工日	0.087	0.150	0.150
		一般技工	工日	0.174	0.300	0.300
		高级技工	工日	0.029	0.050	0.050
材料	种植土		m^3	1.050	0.640	—
	珍珠岩		m^3	—	0.520	—
	水		m^3	0.190	0.200	—

注：掺料种植土与设计比例不同时，可以换算。

2.苗 木 种 植

(1)乔　木

工作内容:挖穴栽植、扶正回土、筑水围、浇水、复土保墒、整形清理。　　**计量单位:**10 株

定 额 编 号				1-10	1-11	1-12	1-13	1-14	1-15
项　目				栽植乔木					
				带土球					
				土球直径(cm)					
				≤20	≤40	≤60	≤80	≤100	≤120
名　称			单位	消 耗 量					
人工	合计工日		工日	0.600	2.750	3.780	5.450	12.720	18.600
	其中	普工	工日	0.180	0.825	1.134	1.635	3.816	5.580
		一般技工	工日	0.360	1.650	2.268	3.270	7.632	11.160
		高级技工	工日	0.060	0.275	0.378	0.545	1.272	1.860
材料	乔木		株	10.100	10.100	10.100	10.100	10.100	10.100
	水		m^3	0.250	0.375	0.875	1.375	3.000	4.000

工作内容:挖穴栽植、扶正回土、筑水围、浇水、复土保墒、整形清理。　　**计量单位:**10 株

定 额 编 号				1-16	1-17	1-18	1-19	1-20
项　目				栽植乔木				
				裸根				
				胸径(cm)				
				≤4	≤6	≤8	≤10	≤12
名　称			单位	消 耗 量				
人工	合计工日		工日	0.600	1.080	1.920	3.240	5.640
	其中	普工	工日	0.180	0.324	0.576	0.972	1.692
		一般技工	工日	0.360	0.648	1.152	1.944	3.384
		高级技工	工日	0.060	0.108	0.192	0.324	0.564
材料	乔木		株	10.100	10.100	10.100	10.100	10.100
	水		m^3	0.250	0.500	0.750	1.000	1.500

工作内容:挖穴栽植、扶正回土、筑水围、浇水、复土保墒、整形清理。 **计量单位**:10 株

定额编号				1-21	1-22
项目				栽植乔木	
				裸根	
				胸径(cm)	
				≤14	≤16
名称			单位	消耗量	
人工	合计工日		工日	9.120	9.840
	其中	普工	工日	2.736	2.952
		一般技工	工日	5.472	5.904
		高级技工	工日	0.912	0.984
材料	乔木		株	10.100	10.100
	水		m^3	2.000	3.000

(2)灌木、藤本

工作内容:挖穴栽植、扶正回土、筑水围、浇水、复土保墒、整形清理。 **计量单位**:10 株

定额编号				1-23	1-24	1-25	1-26
项目				栽植灌木、藤本			
				带土球			
				土球直径(cm)			
				≤30	≤40	≤50	≤60
名称			单位	消耗量			
人工	合计工日		工日	0.900	1.800	2.760	5.040
	其中	普工	工日	0.270	0.540	0.828	1.512
		一般技工	工日	0.540	1.080	1.656	3.024
		高级技工	工日	0.090	0.180	0.276	0.504
材料	灌木、藤本		株	10.500	10.500	10.500	10.500
	水		m^3	0.250	0.500	0.750	1.000

工作内容:挖穴栽植、扶正回土、筑水围、浇水、复土保墒、整形清理。　　**计量单位:**10 株

定额编号				1-27	1-28	1-29	1-30
项目				栽植灌木、藤本			
				带土球			
				土球直径(cm)			
				≤70	≤80	≤100	≤120
名称			单位	消耗量			
人工	合计工日		工日	5.160	8.400	13.560	19.800
	其中	普工	工日	1.548	2.520	4.068	5.940
		一般技工	工日	3.096	5.040	8.136	11.880
		高级技工	工日	0.516	0.840	1.356	1.980
材料	灌木、藤本		株	10.500	10.500	10.500	10.500
	水		m^3	1.250	1.500	3.000	4.000

工作内容:挖穴栽植、扶正回土、筑水围、浇水、复土保墒、整形清理。　　**计量单位:**10 株

定额编号				1-31	1-32	1-33	1-34	1-35
项目				栽植灌木、藤本				
				裸根				
				苗木高度(cm)				
				≤50	≤100	≤150	≤200	≤250
名称			单位	消耗量				
人工	合计工日		工日	0.180	0.480	0.720	1.320	2.280
	其中	普工	工日	0.054	0.144	0.216	0.396	0.684
		一般技工	工日	0.108	0.288	0.432	0.792	1.368
		高级技工	工日	0.018	0.048	0.072	0.132	0.228
材料	灌木、藤本		株	10.500	10.500	10.500	10.500	10.500
	水		m^3	0.250	0.250	0.250	0.500	0.750

工作内容:挖穴栽植、扶正回土、筑水围、浇水、复土保墒、整形清理。 **计量单位**:10m²

定额编号				1-36	1-37	1-38	1-39	1-40
项目				片植灌木、藤本				
				苗高 50 以内				
				种植密度(株/m²)				
				≤9	≤16	≤25	≤36	≤49
名称			单位	消耗量				
人工	合计工日		工日	0.858	1.484	2.280	3.203	4.368
	其中	普工	工日	0.257	0.446	0.684	0.961	1.310
		一般技工	工日	0.515	0.893	1.368	1.922	2.621
		高级技工	工日	0.086	0.145	0.228	0.320	0.437
材料	灌木、藤本		株	9.450	16.800	26.250	37.800	51.450
	水		m³	0.500	0.550	0.600	0.650	0.700

注:种植密度 9 以内、16 以内、25 以内、36 以内、49 以内,定额分别是按每平方米种植 9 株、16 株、25 株、36 株、49 株编制的。实际种植密度与定额不同时,定额基价按密度比例换算。

工作内容:挖穴栽植、扶正回土、筑水围、浇水、复土保墒、整形清理。 **计量单位**:10m²

定额编号				1-41	1-42	1-43
项目				片植灌木、藤本		
				苗高 50 ~ 100		
				种植密度(株/m²)		
				≤9	≤16	≤25
名称			单位	消耗量		
人工	合计工日		工日	1.860	3.228	4.932
	其中	普工	工日	0.558	0.968	1.480
		一般技工	工日	1.116	1.937	2.959
		高级技工	工日	0.186	0.323	0.493
材料	灌木、藤本		株	9.450	16.800	26.250
	水		m³	0.500	0.550	0.600

注:种植密度 9 以内、16 以内、25 以内,定额分别是按每平方米种植 9 株、16 株、25 株编制的。实际种植密度与定额不同时,定额基价按密度比例换算。

(3)绿篱

工作内容:挖穴栽植、扶正回土、筑水围、浇水、复土保墒、整形清理。 **计量单位**:10m

定额编号				1-44	1-45	1-46	1-47	1-48	1-49
项目				栽植绿篱					
				单排					
				高度(cm)					
				≤40	≤60	≤80	≤100	≤120	≤150
名称			单位	消耗量					
人工	合计工日		工日	0.623	0.768	1.008	1.380	1.657	2.112
	其中	普工	工日	0.187	0.230	0.302	0.414	0.497	0.634
		一般技工	工日	0.374	0.461	0.605	0.828	0.994	1.267
		高级技工	工日	0.062	0.077	0.101	0.138	0.166	0.211
材料	绿篱		m	10.500	10.500	10.500	10.500	10.500	10.500
	水		m^3	0.150	0.200	0.250	0.300	0.400	0.500

工作内容:挖穴栽植、扶正回土、筑水围、浇水、复土保墒、整形清理。 **计量单位**:10m

定额编号				1-50	1-51	1-52	1-53	1-54
项目				栽植绿篱				
				双排				
				高度(cm)				
				≤40	≤60	≤80	≤100	≤120
名称			单位	消耗量				
人工	合计工日		工日	0.768	0.923	1.357	1.932	2.843
	其中	普工	工日	0.230	0.277	0.407	0.580	0.853
		一般技工	工日	0.461	0.554	0.814	1.159	1.706
		高级技工	工日	0.077	0.092	0.136	0.193	0.284
材料	绿篱		m	21.000	21.000	21.000	21.000	21.000
	水		m^3	0.200	0.250	0.300	0.400	0.550

(4)竹　类

工作内容:挖穴栽植、扶正回土、筑水围、浇水、复土保墒、整形清理。　　**计量单位**:10株

定额编号				1-55	1-56
项目				栽植竹类	
				散生竹	
				胸径(cm)	
				≤2	≤4
名称			单位	消耗量	
人工	合计工日		工日	0.480	0.720
	其中	普工	工日	0.144	0.216
		一般技工	工日	0.288	0.432
		高级技工	工日	0.048	0.072
材料	竹子		株(丛)	10.500	10.500
	水		m^3	0.250	0.380

工作内容:挖穴栽植、扶正回土、筑水围、浇水、复土保墒、整形清理。　　**计量单位**:10丛

定额编号				1-57	1-58	1-59	1-60	1-61
项目				栽植竹类				
				丛生竹				
				根盘丛径(cm)				
				≤30	≤40	≤50	≤60	≤70
名称			单位	消耗量				
人工	合计工日		工日	0.840	1.440	3.480	4.080	4.680
	其中	普工	工日	0.252	0.432	1.044	1.224	1.404
		一般技工	工日	0.504	0.864	2.088	2.448	2.808
		高级技工	工日	0.084	0.144	0.348	0.408	0.468
材料	竹子		株(丛)	10.500	10.500	10.500	10.500	10.500
	水		m^3	0.250	0.380	0.500	0.750	1.000

(5)花　卉

工作内容:整形清理、翻土施肥、放样栽植、浇水保墒、清理。　　计量单位:100株

定额编号				1-62	1-63
项目				栽植花卉(片植)	
				草本花	球根类
名称			单位	消耗量	
人工	合计工日		工日	0.667	1.066
	其中	普工	工日	0.200	0.320
		一般技工	工日	0.400	0.639
		高级技工	工日	0.067	0.107
材料	花卉		株	105.000	105.000
	有机肥		kg	3.000	3.000
	水		m^3	0.400	0.546

(6)草　皮

工作内容:翻土施肥、搬运草皮(草籽播种)、铺草嵌缝、浇水清理。　　计量单位:$10m^2$

定额编号				1-64	1-65	1-66
项目				栽植草皮		
				散铺	满铺	籽播
名称			单位	消耗量		
人工	合计工日		工日	0.918	1.258	0.660
	其中	普工	工日	0.275	0.377	0.198
		一般技工	工日	0.551	0.755	0.396
		高级技工	工日	0.092	0.126	0.066
材料	草坪		m^2	10.500	10.500	10.500
	水		m^3	0.500	0.500	0.200

3. 树 木 支 撑

工作内容：制桩、运桩、打桩、绑扎。 **计量单位：**株

定 额 编 号			1-67	1-68	1-69	1-70	1-71
项 目			树棍桩				
			四脚桩	三脚桩	一字桩	长单桩	短单桩
名 称		单位	消 耗 量				
人工	合计工日	工日	0.088	0.060	0.060	0.040	0.020
	其中 普工	工日	0.026	0.018	0.018	0.012	0.006
	其中 一般技工	工日	0.053	0.036	0.036	0.024	0.012
	其中 高级技工	工日	0.009	0.006	0.006	0.004	0.002
材料	树棍(1.2m)	根	5.000	3.000	3.000	—	1.000
	树棍(2.2m)	根	—	—	—	1.000	—
	黑铁丝 8# ~12#	kg	0.100	0.100	0.100	0.050	0.050

工作内容：制桩、运桩、打桩、绑扎。 **计量单位：**株

定 额 编 号			1-72
项 目			钢丝吊桩
名 称		单位	消 耗 量
人工	合计工日	工日	0.070
	其中 普工	工日	0.021
	其中 一般技工	工日	0.042
	其中 高级技工	工日	0.007
材料	木桩	根	3.000
	黑铁丝 8# ~12#	kg	1.000

工作内容：制桩、运桩、打桩、绑扎。　　**计量单位：**株

定额编号				1-73	1-74	1-75	1-76	1-77
项目				毛竹桩				
				四脚桩	三脚桩	一字桩	长单桩	短单桩
名称			单位	消耗量				
人工	合计工日		工日	0.090	0.060	0.060	0.040	0.020
	其中	普工	工日	0.027	0.018	0.018	0.012	0.006
		一般技工	工日	0.054	0.036	0.036	0.024	0.012
		高级技工	工日	0.009	0.006	0.006	0.004	0.002
材料	竹梢(长1.2m)		根	6.000	3.000	3.000	—	1.000
	竹梢(长2.2m)		根	—	—	—	1.000	—
	扎绑绳		kg	1.500	0.500	1.000	0.500	0.500

工作内容：搬运、绕干、余料清理。　　**计量单位：**m

定额编号				1-78	1-79	1-80	1-81
项目				草绳绕树干			
				胸径(cm)			
				≤5	≤10	≤15	≤20
名称			单位	消耗量			
人工	合计工日		工日	0.030	0.040	0.050	0.070
	其中	普工	工日	0.009	0.012	0.015	0.021
		一般技工	工日	0.018	0.024	0.030	0.042
		高级技工	工日	0.003	0.004	0.005	0.007
材料	草绳		kg	1.000	2.000	3.000	4.000

二、垂 直 绿 化

工作内容:定位、下料、打眼、剔洞、安螺栓、安装龙骨等全部操作过程。 **计量单位:**$10m^2$

定额编号				1-82	1-83	1-84
项　目				龙骨基层		
				轻钢龙骨	铝合金龙骨	木龙骨
名　称			单位	消　耗　量		
人工	合计工日		工日	0.990	1.130	1.170
	其中	普工	工日	0.300	0.340	0.350
		一般技工	工日	0.590	0.680	0.700
		高级技工	工日	0.100	0.110	0.120
材料	轻钢竖向龙骨 30×30		m	7.130	—	—
	轻钢竖向龙骨 50×75		m	28.030	—	—
	轻钢沿边龙骨		m	7.130	—	—
	铝合金龙骨 60×30		m	—	40.280	—
	板枋材		m^3	—	—	0.260
	轻钢龙骨角托		个	30.600	—	—
	轻钢龙骨卡托		个	30.600	—	—
	膨胀螺栓 钢制 M12		套	25.500	52.940	—
	圆钉		kg	—	—	0.240
	防腐油		kg	—	—	0.300
	其他材料费		%	3.000	3.000	3.000
机械	砂轮切割机 ϕ 400		台班	0.030	0.350	—
	木工圆锯机 500mm		台班	—	—	0.020

工作内容:定位、安装面板等全部操作过程。 **计量单位:**$10m^2$

定额编号				1-85
项　目				墙体绿化
				硅酸钙板
名　称			单位	消　耗　量
人工	合计工日		工日	1.070
	其中	普工	工日	0.320
		一般技工	工日	0.640
		高级技工	工日	0.110
材料	硅酸钙板 δ 8		m^2	10.300
	镀锌自攻螺钉 ST3×10		个	200.000
	其他材料费		%	3.000

工作内容：1. 种植模块内铺设无纺布、填充种植介质土、安装种植模块、种植苗木；
2. 无纺布的运输、安装；
3. 镀塑钢丝围栏的运输、安装。

计量单位：$10m^2$

定额编号				1-86	1-87	1-88
项目				垂直绿化墙		
				模块式	粘贴式	
					软式	硬式
名称			单位	消耗量		
人工	合计工日		工日	11.030	0.500	0.730
	其中	普工	工日	3.310	0.150	0.220
		一般技工	工日	6.620	0.050	0.440
		高级技工	工日	1.100	0.300	0.070
材料	无纺布		m^2	33.650	—	—
	园林苗木		株	480.000	—	—
	种植土		m^3	1.080	—	—
	成品种植模块(330×190×140)		只	240.000	—	—
	镀锌扁钢 16×0.5		m	—	11.220	—
	平织尼龙网		m^2	—	10.200	—
	镀塑钢丝围栏		m^2	—	—	10.250
	其他材料费		%	3.000	3.000	3.000
机械	载重汽车 4t		台班	—	—	0.030

工作内容：种植槽内铺设无纺布、回填种植土、种植苗木，种植槽钢托架的制作安装等。

计量单位：$10m^2$

定额编号				1-89
项目				沿口绿化
				种植槽
名称			单位	消耗量
人工	合计工日		工日	6.410
	其中	普工	工日	1.920
		一般技工	工日	3.850
		高级技工	工日	0.640
材料	园林苗木		株	30.000
	种植土		m^3	0.700
	成品种植槽(650×289×250)		只	15.400
	无纺布		m^2	10.610
	铁件支架		kg	208.950
	其他材料费		%	3.000
机械	载重汽车 4t		台班	0.390

工作内容：定点、放线、卸车、拼装、膨胀螺栓固定、清理现场等。 **计量单位**：100m

定额编号				1-90
项目				绿地垂直绿化隔离墙
				膨胀螺栓
名称			单位	消耗量
人工	合计工日		工日	5.585
	其中	普工	工日	1.396
		一般技工	工日	4.189
材料	固定式分隔栏		m	100.000
	膨胀螺栓 M10×80		套	40.800
	其他材料费		%	1.500
机械	载重汽车 5t		台班	0.560

工作内容：定点、放线、卸车、拼装、预埋固定、清理现场等。 **计量单位**：100m

定额编号				1-91
项目				绿地垂直绿化隔离墙
				预埋
名称			单位	消耗量
人工	合计工日		工日	4.428
	其中	普工	工日	1.107
		一般技工	工日	3.321
材料	固定式分隔栏		m	102.000
	其他材料费		%	1.500
机械	载重汽车 5t		台班	0.430

工作内容：定位、安装拉索组件及钢索。　　　　**计量单位**：10 根

定额编号				1-92
项　目				爬藤钢索
名　称			单位	消 耗 量
人工	合计工日		工日	0.630
	其中	普工	工日	0.189
		一般技工	工日	0.378
		高级技工	工日	0.063
材料	不锈钢索 ϕ6		m	21.000
	不锈钢拉索组件		套	10.100
	镀锌连接铁件		kg	20.880

注：不锈钢索 ϕ6 每根 2m，设计不同，材料换算。

三、绿 化 养 护

1. 乔　木

工作内容：中耕施肥、整地除草、修剪剥芽、防病除害、清除枯枝、灌溉排水、环境清理等。　　　　**计量单位**：10 株

定额编号				1-93	1-94	1-95
项　目				常绿乔木		
				胸径(cm)		
				≤5	≤10	≤20
名　称			单位	消 耗 量		
人工	合计工日		工日	2.089	3.611	6.828
	其中	普工	工日	0.627	1.083	2.048
		一般技工	工日	1.253	2.167	4.097
		高级技工	工日	0.209	0.361	0.683
材料	无机肥（复合肥）		kg	6.547	6.880	7.200
	药剂		kg	0.571	0.635	0.706
	水		m^3	0.496	0.990	2.079
	其他材料费		%	5.000	5.000	5.000

工作内容:中耕施肥、整地除草、修剪剥芽、防病除害、清除枯枝、灌溉排水、环境清理等。

计量单位:10 株

定额编号				1-96	1-97	1-98
项目				落叶乔木		
				胸径(cm)		
				≤5	≤10	≤20
名称			单位	消耗量		
人工	合计工日		工日	2.345	3.996	7.538
	其中	普工	工日	0.703	1.198	2.261
		一般技工	工日	1.407	2.398	4.523
		高级技工	工日	0.235	0.400	0.754
材料	无机肥(复合肥)		kg	6.998	7.776	8.640
	药剂		kg	0.622	0.692	0.770
	水		m^3	0.376	0.792	1.584
	其他材料费		%	5.000	5.000	5.000

2. 灌木、藤本

工作内容:中耕施肥、整地除草、修剪剥芽、防病除害、清除枯枝、灌溉排水、环境清理等。

计量单位:10 株

定额编号				1-99	1-100	1-101	1-102	1-103
项目				灌木、藤本				
				高度(cm)				
				≤50	≤100	≤150	≤200	≤250
名称			单位	消耗量				
人工	合计工日		工日	0.168	0.258	0.385	0.580	0.868
	其中	普工	工日	0.050	0.077	0.115	0.174	0.260
		一般技工	工日	0.101	0.155	0.231	0.348	0.521
		高级技工	工日	0.017	0.026	0.039	0.058	0.087
材料	无机肥(复合肥)		kg	0.539	0.829	1.244	1.836	2.754
	药剂		kg	0.055	0.084	0.126	0.189	0.284
	水		m^3	0.690	1.036	1.553	2.330	3.495
	其他材料费		%	5.000	5.000	5.000	5.000	5.000

工作内容：中耕施肥、整地除草、修剪剥芽、防病除害、清除枯枝、灌溉排水、环境清理等。

计量单位：$10m^2$

定额编号				1-104
项目				片植灌木、藤本
名称			单位	消耗量
人工	合计工日		工日	0.963
	其中	普工	工日	0.289
		一般技工	工日	0.578
		高级技工	工日	0.096
材料	无机肥（复合肥）		kg	2.513
	药剂		kg	0.255
	水		m^3	3.138
	其他材料费		%	5.000

3. 绿篱

工作内容：中耕施肥、整地除草、修剪剥芽、防病除害、清除枯枝、灌溉排水、环境清理等。

计量单位：10m

定额编号				1-105	1-106	1-107
项目				单排绿篱		
				高度(cm)		
				≤50	≤100	≤150
名称			单位	消耗量		
人工	合计工日		工日	0.197	0.215	0.242
	其中	普工	工日	0.059	0.064	0.073
		一般技工	工日	0.118	0.129	0.145
		高级技工	工日	0.020	0.022	0.024
材料	无机肥（复合肥）		kg	1.675	1.861	2.068
	药剂		kg	0.041	0.045	0.050
	水		m^3	0.297	0.594	0.990
	其他材料费		%	5.000	5.000	5.000

工作内容:中耕施肥、整地除草、修剪剥芽、防病除害、清除枯枝、灌溉排水、环境清理等。

计量单位:10m

定额编号				1-108	1-109	1-110
项目				双排绿篱		
				高度(cm)		
				≤50	≤100	≤150
名称			单位	消耗量		
人工	合计工日		工日	0.284	0.317	0.351
	其中	普工	工日	0.086	0.095	0.105
		一般技工	工日	0.170	0.190	0.211
		高级技工	工日	0.028	0.032	0.035
材料	无机肥(复合肥)		kg	2.513	2.790	3.100
	药剂		kg	0.055	0.060	0.070
	水		m^3	0.396	0.790	1.580
	其他材料费		%	5.000	5.000	5.000

4. 竹类

工作内容:中耕施肥、整地除草、防病除害、清除枯枝、灌溉排水、环境清理等。

计量单位:10株(丛)

定额编号				1-111
项目				竹类
				散生竹、丛生竹
名称			单位	消耗量
人工	合计工日		工日	0.287
	其中	普工	工日	0.086
		一般技工	工日	0.172
		高级技工	工日	0.029
材料	水		m^3	1.000

5. 花　卉

工作内容：中耕施肥、整地除草、防病除害、清除枯枝、灌溉排水、环境清理等。　　**计量单位**：$10m^2$

定额编号				1-112
项目				花卉
				草本及球根
名称			单位	消耗量
人工	合计工日		工日	0.837
	其中	普工	工日	0.251
		一般技工	工日	0.502
		高级技工	工日	0.084
材料	无机肥（复合肥）		kg	5.025
	药剂		kg	0.062
	水		m^3	2.928
	其他材料费		%	5.000

注：不包括换花的费用。

工作内容：中耕施肥、整地除草、修剪剥芽、防病除害、清除枯枝、灌溉排水、环境清理等。　　**计量单位**：10株

定额编号				1-113	1-114
项目				攀缘植物	
				生长年数(年)	
				≤3	>3
名称			单位	消耗量	
人工	合计工日		工日	0.487	0.731
	其中	普工	工日	0.146	0.219
		一般技工	工日	0.292	0.439
		高级技工	工日	0.049	0.073
材料	无机肥（复合肥）		kg	3.240	3.600
	药剂		kg	0.462	0.513
	水		m^3	0.338	0.405
	其他材料费		%	5.000	5.000

6. 草　皮

工作内容：整地镇压、割草修边、清除草屑、挑除杂草、空秃补植、加土施肥、防病除害、灌溉排水、环境清理等。

计量单位：10m²

定额编号				1-115	1-116	1-117
项　目				草皮		
				散铺	满铺	籽播
名　称			单位	消　耗　量		
人工	合计工日		工日	1.109	1.033	1.194
	其中	普工	工日	0.333	0.310	0.359
		一般技工	工日	0.665	0.620	0.716
		高级技工	工日	0.111	0.103	0.119
材料	无机肥（复合肥）		kg	2.792	2.792	2.792
	药剂		kg	0.057	0.057	0.057
	水		m³	1.478	1.478	1.478
	其他材料费		%	5.000	5.000	5.000

四、室外透水地面

1. 透水地面基层

工作内容：放样、清理路床、取料、运料、上料、摊铺、找平、碾压。

计量单位：100m²

定额编号				1-118	1-119
项　目				级配砂砾石摊铺	
				厚度(cm)	
				20	每减1
名　称			单位	消　耗　量	
人工	合计工日		工日	3.164	0.158
	其中	普工	工日	1.582	0.079
		一般技工	工日	1.582	0.079
材料	砂砾 5～80		m³	24.480	1.224
	其他材料费		%	1.500	1.500
机械	履带式推土机 90kW		台班	0.060	—
	平地机 120kW		台班	0.177	—
	钢轮振动压路机 8t		台班	0.059	—
	钢轮振动压路机 15t		台班	0.213	—

工作内容：放样、清理路床、取料、运料、上料、摊铺、找平、碾压。 **计量单位**：100m²

定额编号				1-120	1-121
项目				碎石摊铺	
				厚度(cm)	
				20	每减1
名称			单位	消耗量	
人工	合计工日		工日	3.256	0.162
	其中	普工	工日	1.628	0.081
		一般技工	工日	1.628	0.081
材料	碎石(综合)		m³	26.520	1.326
	其他材料费		%	1.500	1.500
机械	钢轮内燃压路机 8t		台班	0.029	—
	钢轮内燃压路机 15t		台班	0.161	—
	平地机 90kW		台班	0.180	—

2. 透水地面面层

工作内容：清扫基层、放样、整修侧缘石、测温、摊铺、接茬、找平、点补、碾压清理。 **计量单位**：100m²

定额编号				1-122	1-123
项目				透水沥青混凝土(OGFC－13)	
				厚度(cm)	
				4	每增减1
名称			单位	消耗量	
人工	合计工日		工日	0.992	0.083
	其中	普工	工日	0.298	0.025
		一般技工	工日	0.595	0.050
		高级技工	工日	0.099	0.008
材料	透水沥青混凝土		t	8.323	2.081
	水		m³	0.088	0.013
	柴油		kg	0.630	0.158
	其他材料费		%	0.110	0.110
机械	钢轮振动压路机 10t		台班	0.036	0.005
	沥青混凝土摊铺机 8t		台班	0.050	0.014

工作内容：放样、拌料、摊铺、振捣夯实、整平、养护、锯缝、填嵌缝胶、喷保护剂、清理场地。

计量单位：100m²

定额编号				1-124
项目				铺筑透水砖
名称			单位	消耗量
人工	合计工日		工日	9.181
	其中	普工	工日	2.754
		一般技工	工日	5.509
		高级技工	工日	0.918
材料	透水砖		m^2	102.000
	黄砂 毛砂		t	11.174

工作内容：放样、拌料、摊铺、振捣夯实、整平、养护、锯缝、填嵌缝胶、喷保护剂、清理场地。

计量单位：100m²

定额编号				1-125	1-126
项目				现浇透水水泥混凝土面层	
				厚度(cm)	
				5	每增减 1
名称			单位	消耗量	
人工	合计工日		工日	10.973	0.883
	其中	普工	工日	3.292	0.265
		一般技工	工日	6.584	0.530
		高级技工	工日	1.097	0.088
材料	水泥 52.5		kg	1921.014	376.670
	碎石(精加工玄武岩)5~10		kg	9698.325	1939.665
	LDA 增强剂		kg	17.838	9.688
	PG 道路封缝胶		kg	9.765	—
	涤纶针刺土工布 200g/m²		m^2	20.000	—
	氟碳保护剂		kg	30.000	—
	泡沫条 φ8		m	30.600	—
	石料切割锯片		片	0.050	—
	水		m^3	4.451	0.090
	电		kW·h	—	0.132
	其他材料费		%	0.010	—
机械	机动翻斗车 1t		台班	0.403	0.081
	双锥反转出料混凝土搅拌机 500L		台班	0.167	0.033

工作内容： 放样、拌料、摊铺、振捣夯实、整平、养护、锯缝、填嵌缝胶、喷保护剂、清理场地。

计量单位： $100m^2$

定额编号				1-127
项目				现浇透水彩色水泥混凝土面层
				厚 3cm
名称			单位	消耗量
人工	合计工日		工日	15.503
	其中	普工	工日	4.651
		一般技工	工日	9.302
		高级技工	工日	1.550
材料	白色硅酸盐水泥 52.5		kg	1152.609
	碎石(精加工玄武岩)5～10		kg	5818.995
	LDA 增强剂		kg	29.063
	PG 道路封缝胶		kg	9.765
	涤纶针刺土工布 $200g/m^2$		m^2	20.000
	氟碳保护剂		kg	30.000
	泡沫条 φ8		m	30.000
	石料切割锯片		片	0.050
	无机颜料		kg	34.578
	水		m^3	4.271
	电		kW·h	0.400
机械	机动翻斗车 1t		台班	0.242
	双锥反转出料混凝土搅拌机 500L		台班	0.100
	电动空气压缩机 $0.6m^3/min$		台班	0.030
	混凝土切缝机		台班	0.375

工作内容：放样、拌料、摊铺、振捣夯实、整平、养护、锯缝、填嵌缝胶、冲洗、喷保护剂、清理场地。

计量单位：$100m^2$

定额编号				1-128
项目				现浇洗出石透水水泥混凝土面层
				厚3cm
名称			单位	消耗量
人工	合计工日		工日	17.029
	其中	普工	工日	5.109
		一般技工	工日	10.217
		高级技工	工日	1.703
材料	白色硅酸盐水泥 52.5		kg	1152.609
	卵石 5~10		kg	5818.995
	LDA 增强剂		kg	29.063
	PG 道路封缝胶		kg	9.765
	涤纶针刺土工布 $200g/m^2$		m^2	20.000
	缓凝剂		kg	30.000
	泡沫条 $\phi8$		m	30.000
	石料切割锯片		片	0.050
	无机颜料		kg	34.578
	水		m^3	6.271
	电		kW·h	0.600
机械	机动翻斗车 1t		台班	0.242
	双锥反转出料混凝土搅拌机 500L		台班	0.150
	电动空气压缩机 $0.6m^3/min$		台班	0.030
	混凝土切缝机		台班	0.488

工作内容：制作、安装、拆除、清理整堆。

计量单位：m^2

定额编号				1-129
项目				透水地面混凝土路面模板
名称			单位	消耗量
人工	合计工日		工日	0.302
	其中	普工	工日	0.091
		一般技工	工日	0.181
		高级技工	工日	0.030
材料	钢模板		kg	0.662
	钢模零配件		kg	2.370
	金属帽		只	2.000
	圆钉		kg	0.013
机械	木工平刨床 300mm		台班	0.047
	木工圆锯机 500mm		台班	0.047
	汽车式起重机 8t		台班	0.001
	载重汽车 4t		台班	0.002

第二章　节能与能源利用

说　　明

一、本章定额包括建筑与外围结构、高效冷热源设备、节能照明与电气和能量综合利用四节，共282个定额项目。

二、建筑与外围结构。

1. 本章各类门窗均按工厂成品、现场安装编制，除定额注明外，成品均包括玻璃及五金配件等。

2. 门窗定额中玻璃按中空玻璃考虑。

3. 金属门连窗，门与窗分别按相应定额项目执行。

4. 门窗安装子目均包括玻璃安装、五金铁件安装。

5. 本章定额不包括现场涂刷防腐油及油漆，如发生时，按相应专业定额项目执行。

6. 保温隔热定额仅包括保温隔热层材料的铺贴，不包括隔气防潮、保护层等。

7. 保温隔热层的材料配合比、材质、厚度如设计与定额不同时，可以换算。

8. 弧形墙墙面保温隔热层，按相应定额项目的人工乘以系数1.1。

9. 墙面岩棉板保温、聚苯乙烯板保温、保温装饰一体板、发泡水泥板子目如设计使用钢骨架者，钢骨架按《房屋建筑与装饰工程消耗量定额》(TY 01—31—2015)第十二章“墙柱面工程”相应定额执行。

10. 屋面、墙面聚苯乙烯板铺贴子目中，聚苯乙烯板厚度不同，板材按比例调整，其他不变。

11. 厚层保温腻子子目中，如果保温腻子厚度小于15mm且为一遍成活时，人工乘系数0.8。

12. 屋面预制纤维板水泥架空板凳子目中板凳的规格如果与定额中不一致，换算材料，其他不变。

13. 反射隔热涂料(覆盖)子目根据基层材料不同分为光面、毛面、砂壁。

三、高效冷热源设备。

1. 再热型变风量末端装置按相应变风量末端装置的定额项目人工消耗量乘以系数1.10。

2. 变风量空调风系统调试按系统人工费的9%计取，其中人工费占35%。包括漏风量测试、漏光法测试费、风系统平衡调试费。

3. 一体化预制辐射供暖(冷)板安装不包括龙骨安装，如发生，执行《房屋建筑与装饰工程消耗量定额》(TY 01—31—2015)的相关子目。

四、节能照明与电气。

1. 照明灯具安装除特殊说明外，均不包括支架制作与安装，发生时执行《通用安装工程消耗量定额》(TY 02—31—2015)第四册《电气设备安装工程》中第七章“金属构件、穿墙套板安装工程”相关定额。

2. 电气工程的相关系统调试执行《通用安装工程消耗量定额》(TY 02—31—2015)第四册《电气设备安装工程》中第十七章“电气设备调试工程”相关定额。

3. 电工钢带变压器执行非晶合金变压器相应子目。

五、能量综合利用。

1. 能量回收新风换气机安装分为吊顶式、落地式、墙上式、分段组装式四种安装方式。

2. 蓄冷设备安装包括双工况制冷机组、蓄冰槽(罐)安装、乙二醇泵、换热器、蓄冰盘管等安装。

水蓄冷蓄热罐上的梯子、平台、栏杆、附件、胎具和压力试验执行《通用安装工程消耗量定额》(TY 02—31—2015)第三册《静置设备与工艺金属结构制作安装工程》相关定额。

3. 太阳能光伏发电系统。

(1)太阳能光伏发电系统定额包括太阳能电池板钢架安装、太阳能电池组装和安装、光伏逆变器、控制器、数据采集仪、环境测量装置等设备的安装,以及太阳能电池与控制屏联测。

(2)太阳能电池板钢架安装不含防雷、接地及支架与支柱的制作安装,发生时应依据设计图纸套用《通用安装工程消耗量定额》(TY 02—31—2015)第四册《电气设备安装工程》相关定额。

(3)太阳能电池组装与安装定额按每组电池的最大输出功率 W_p 划分。功率小于或等于 1500W_p,按相应定额套用;功率大于 1500W_p 时,每增加 500W_p 计算一组增加工程量,功率小于 500W_p 时,按 500W_p 计算。

(4)太阳能光伏逆变器功率大于 1000kW,根据组合安装方式,分解成若干台设备计算工程量。

(5)太阳能控制器与逆变器组合为复合电气逆变器时,只计算逆变器安装工程量,不再计算控制器的工程量。

(6)各种配套的桥架、线槽、电线、电缆、配电箱等执行《通用安装工程消耗量定额》(TY 02—31—2015)第四册《电气设备安装工程》相关定额。

(7)电能存储所用的蓄电池安装、独立充放电控制器执行《通用安装工程消耗量定额》(TY 02—31—2015)第四册《电气设备安装工程》相应定额。

(8)作为对太阳能光伏发电系统管控所需的数据传输、分析所用的计算机、控制线缆等安装调试,执行《通用安装工程消耗量定额》(TY 02—31—2015)第五册《建筑智能化工程》相关定额。

4. 太阳能路灯。

(1)太阳能路灯均已考虑了一般工程的高空作业因素。

(2)太阳能路灯已经包括太阳能光伏板电池和蓄电池、风叶等部件的安装。

5. 太阳能集热装置。

(1)平屋面集热器分单层布设和层叠布设两种形式,其集热器形式分别采用真空玻璃集热器、平板式集热器;外墙斜挂式和垂挂式集热器安装定额子目均考虑采用平板式集热器。

太阳能集热器单层布设:指太阳能集热器组在同一水平面的纵向布置方式。

太阳能集热器层叠布设:指太阳能集热器组在同一斜面上的多层布置方式。

集热器外墙垂挂式:指太阳能集热器平行布设在建筑物或构筑物的外立面上的布置方式。

集热器外墙斜挂式:指太阳能集热器在建筑物或构筑物的外立面成一定仰角布设的布置方式。

(2)各种水泵、水管、阀门、管道保温、膨胀水箱、电气管道、线缆等设备材料安装均分别执行《通用安装工程消耗量定额》(TY 02—31—2015)相应章册定额。

(3)太阳能集热装置作为热水热源,系统中会配置一定量的辅助热源,如燃气热水器、电热水器等,该部分的设备材料安装应根据设计要求,执行《通用安装工程消耗量定额》(TY 02—31—2015)相应定额。

(4)太阳能集热装置安装包括安装高度 1.5m 以下的钢支架制作安装,若实际钢支架高度高于 1.5m,则集热装置和支架应分别计算工程量并执行《通用安装工程消耗量定额》(TY 02—31—2015)第十册《给排水、采暖、燃气工程》相应定额。

6. 地(水、气)源热泵。

(1)地(水、气)源热泵机组按整体组成安装编制。

(2)地源热泵系统垂直地埋管成孔定额适用于有效深度 100m 内的垂直地埋管成孔,定额包括泥浆池及排浆沟槽开挖,但不包括施工中产生的污水、冲洗水及其他施工用水排入临时沉淀池的泥浆水沉淀处理和外运,入岩增加按实际入岩深度套用相应定额子目。垂直地埋管成孔定额不包括地源热泵钻机等机械的进出场费用;

水平地埋管涉及管沟开挖、整理、铺设黄砂等执行全统相关定额;垂直地埋塑料管热熔安装 *DN*32 以下(单 U 管、双 U 管)安装包括试压试验。

(3)地源热泵系统水平地埋塑料管安装定额中,成品管件数量可依据设计文件及施工方案或参照下表"水平地埋塑料管(热熔)管件数量取定表"计算,定额中其他消耗量均不做调整。

水平地埋塑料管(热熔)管件数量取定表

计量单位:个/10m

材料名称	公称外径(mm 以内)							
	32	40	50	63	75	90	110	160
三通	2.63	2.63	3.15	3.15	0.42	0.42	—	—
弯头	1.05	0.85	0.75	0.71	0.71	0.68	0.68	0.59
直接头	1.73	1.77	1.77	1.80	1.80	1.80	1.80	—
异径直接	—	0.09	0.09	0.08	0.08	0.07	0.07	0.06
转换件	0.05	0.05	0.05	0.04	0.04	0.02	0.02	—
合计	5.46	5.39	5.81	5.78	3.05	2.99	2.57	0.65

工程量计算规则

一、建筑与外围结构。

1. 门窗均按设计图示门、窗洞口尺寸以面积计算。

2. 门连窗按设计图示洞口尺寸分别计算门、窗面积,其中窗的宽度算至门框外边线。

3. 屋面保温隔热层按设计图示尺寸以面积计算,扣除单个面积 $>0.3m^2$ 的孔洞所占面积。

4. 墙面保温隔热层按设计图示尺寸以面积计算,扣除门、窗洞口及单个面积 $>0.3m^2$ 的梁、孔洞所占面积;门、窗洞口侧壁以及与墙相连的柱,并入保温墙体工程量内。墙体及混凝土板下铺贴隔热层不扣除木框架及木龙骨的体积。其中,外墙按隔热层中心线长度计算,内墙按隔热层净长度计算。

5. 天棚保温隔热层按设计图示尺寸以面积计算,扣除单个面积 $>0.3m^2$ 的柱、垛、孔洞所占面积,与天棚相连的梁按展开面积计算,其工程量并入天棚内。

6. 柱、梁保温隔热层按设计图示尺寸以面积计算。柱按设计图示柱断面保温层中心线展开长度乘以高度以面积计算,扣除单个面积 $>0.3m^2$ 的梁所占面积。梁按设计图示梁断面保温层中心线展开长度乘以保温层长度以面积计算。

7. 楼地面保温隔热层按设计图示尺寸以面积计算,扣除柱、垛及单个面积 $>0.3m^2$ 的孔洞所占面积。门洞、空圈、暖气包槽、壁龛的开口部分不增加面积。

8. 洞口 $>0.3m^2$ 的孔洞侧壁周围,梁头、柱帽等项目的保温层工程量,并入相应的墙面或天棚保温隔热工程量内。

9. 保温层排气管按设计图示尺寸以长度计算,不扣除管件所占长度,保温层排气孔以数量计算。

10. 混凝土保温一体板按模板与混凝土构件接触面的设计图示尺寸以面积计算。

11. 屋面预制混凝土架空隔热板、屋面预制纤维板水泥架空板凳按设计图示尺寸以面积计算。

12. 反射隔热涂料按设计图示尺寸以面积计算。

二、高效冷热源设备。

1. 溴化锂吸收式制冷机按设计图示数量以"台"为计量单位,按同一底座上的主机、电动机、附属设备及底座的总重量计算机组重量选用定额项目。

2. 多联式空调室外机按设计图示数量以"台"为计量单位。

3. 多联式空调室内机按设计图示数量以"台"为计量单位。

4. 电机驱动的蒸汽压缩循环冷水(热泵)机组按设计图示数量以"台"为计量单位,按安装方式、设备重量选用定额项目。其中设备重量按同一底座上的主机、电动机、附属设备及底座的总重量计算。

5. 变风量空调处理机及末端装置按设计图示数量,分别以"台"为计量单位。

6. 辐射供暖供冷装置中一体化预制辐射供暖(冷)板、预制沟槽保温板、毛细管席、泡沫塑料隔热板、铝箔均热层、钢丝网等安装按设计图示尺寸,以"$10m^2$"为计量单位。边界保温带按设计图示长度以"10m"为计量单位;辐射供暖(供冷)管道区分管道外径,按设计图示长度以"10m"为计量单位;加热电缆敷设按设计图示长度,以"10m"为计量单位。分户升量装置安装按设计图示数量,以"套"为计量单位。

7. 热媒集配装置安装区分带箱、不带箱,按分支管环路数以"组"为计量单位。

三、节能照明与电气。

1. 智能家居控制箱按设计图示数量,以"个"为计量单位。

2. 各类开关、灯具按设计图示数量,以"套"为计量单位。

3. LED 软灯带按设计图示尺寸,以"m"为计量单位。

4. 节能变压器和低压无功自动补偿装置按设计图示数量,以"台"为计量单位。

四、能量综合利用。

1. 能量回收新风换气机按设计图示数量以“台”为计量单位。分段组装式能量回收新风换气机按设计图示重量，以“100kg”为计量单位。

2. 双工况制冷机组安装按设计图示数量，以“台”为计量单位。

3. 整体式蓄冰设备（槽、罐）安装按设计图示数量以“台”为计量单位。

4. 水蓄冷蓄热罐制作安装按设计图示尺寸计算金属重量（不扣除罐体上所有开孔所占面积），以“t”为计量单位，按储罐容量选用定额项目。罐本体金属重量包括罐底板、罐壁板、罐顶板、包边角钢、加强圈、抗风圈以及罐体上垫板、补强板等总重量。

5. 乙二醇泵按设计图示数量，以“台”为计量单位。

6. 热交换器按设计图示数量，以“台”为计量单位。

7. 整装式蓄冰盘管按设备重量，以“组”为计量单位。

8. 太阳能光伏发电。

（1）太阳能电池板钢架安装根据安装的位置，按实际安装太阳能电池板和预留安装太阳能电池板面积之和计算工程量，不计算设备支架、不同高度与不同斜面太阳能电池板支撑架的面积，设备支架按照重量计算，执行《通用安装工程消耗量定额》（TY 02—31—2015）第四册《电气设备安装工程》第七章“金属构件、穿墙套板安装工程 ”相关定额。

（2）太阳能光伏板电池按每组电池的最大输出功率划分，以“组”为计量单位计算。

太阳能光伏逆变器安装根据设备额定交流输出功率，按设计图示安装数量以“台”为计量单位计算。功率大于1000kW光伏逆变器根据组合安装方式，分解成若干台设备计算工程量。

太阳能控制器根据额定系统电压，按照设计图示数量以“台”为计量单位，环境测量装置、数据采集仪按照设计图示数量以“台”为计量单位。

9. 太阳能路灯。

太阳能路灯按设计图示数量，以“10套”为计量单位。

10. 太阳能集热装置。

（1）集热板安装按设计图示尺寸，以集热板面积“m^2”为计量单位。

（2）集中式太阳能热水系统调试工程量按太阳能的加热水箱容量以“系统”为计量单位。

11. 地（水、气）源热泵。

（1）地源热泵安装按设备重量，以“组”为计量单位。

（2）地源热泵系统垂直地埋管成孔及回填按设计图示尺寸，以有效成孔深度“m”为计量单位。

（3）地埋塑料管热熔安装按设计图示尺寸以“m”为计量单位。

（4）PE集（分）水器按设计图示数量，以“个”为计量单位。

一、建筑与外围结构

1.节 能 门 窗

(1)铝合金门节能门窗

工作内容:开箱、解捆、定位、划线、吊正、找平、安装、框周边塞缝等。 **计量单位:**100m²

定额编号				2-1	2-2	2-3	2-4	2-5
项目				隔热断桥铝合金门安装		隔热断桥铝合金普通窗安装		
				推拉	平开	固定	推拉	平开
名称			单位	消耗量				
人工	合计工日		工日	29.535	33.120	16.801	18.036	22.482
	其中	普工	工日	8.860	9.936	5.040	5.410	6.745
		一般技工	工日	17.721	19.872	10.081	10.822	13.489
		高级技工	工日	2.954	3.312	1.680	1.804	2.248
材料	铝合金隔热断桥推拉门(含中空玻璃)		m²	96.980	—	—	—	—
	铝合金隔热断桥平开门(含中空玻璃)		m²	—	96.040	—	—	—
	铝合金隔热断桥固定窗(含中空玻璃)		m²	—	—	92.540	—	—
	铝合金隔热断桥推拉窗(含中空玻璃)		m²	—	—	—	95.430	—
	铝合金隔热断桥平开窗(含中空玻璃)		m²	—	—	—	—	94.590
	门窗固定连接铁件(地脚)3×30×300		个	445.913	575.453	552.642	552.642	714.555
	硅酮耐候密封胶		kg	66.706	86.029	150.896	98.717	102.242
	聚氨酯发泡密封胶(750mL/支)		支	99.840	123.084	222.976	142.719	151.372
	塑料膨胀螺栓		套	445.913	575.453	558.113	558.113	721.630
	电		kW·h	7.000	7.000	7.000	7.000	7.000
	其他材料费		%	0.200	0.200	0.020	0.200	0.200

(2)塑料节能门窗

工作内容：开箱、解捆、定位、划线、吊正、找平、安装、框周边塞缝等。　　　　**计量单位：**$100m^2$

定额编号				2-6	2-7	2-8	2-9	2-10
项目				塑料保温成品门安装		塑料保温成品窗安装		
				推拉	平开	固定	推拉	平开
名称			单位	消耗量				
人工	合计工日		工日	20.543	24.844	13.854	14.872	18.450
	其中	普工	工日	6.163	7.454	4.157	4.462	5.535
		一般技工	工日	12.326	14.906	8.312	8.923	11.070
		高级技工	工日	2.054	2.484	1.385	1.487	1.845
材料	塑料保温推拉门(含中空玻璃)		m^2	96.980	—	—	—	—
	塑料保温平开门(含中空玻璃)		m^2	—	96.040	—	—	—
	塑料保温固定窗(含中空玻璃)		m^2	—	—	91.670	—	—
	塑料保温推拉窗(含中空玻璃)		m^2	—	—	—	94.530	—
	塑料保温平开窗(含中空玻璃)		m^2	—	—	—	—	94.590
	门窗固定连接铁件(地脚)3×30×300		个	445.913	575.453	580.124	580.124	714.555
	聚氨酯发泡密封胶(750mL/支)		支	116.262	143.322	222.976	142.719	151.372
	硅酮耐候密封胶		kg	66.706	86.029	150.896	98.717	102.242
	塑料膨胀螺栓		套	445.913	575.453	585.868	585.868	721.630
	电		kW·h	7.000	7.000	7.000	7.000	7.000
	其他材料费		%	0.200	0.200	0.200	0.200	0.200

2. 节 能 保 温

(1)屋 面 保 温

工作内容:清理基层,调制砂浆,铺设加气混凝土砌块。

计量单位:100m²

定 额 编 号				2-11	2-12	2-13	2-14
项 目				加气混凝土块			
				干铺		浆砌	
				厚度(mm)			
				180	每增减 10	180	每增减 10
名 称			单位	消 耗 量			
人工	合计工日		工日	4.903	0.246	6.961	0.348
	其中	普工	工日	1.472	0.074	2.089	0.104
		一般技工	工日	2.941	0.148	4.177	0.209
		高级技工	工日	0.490	0.024	0.695	0.035
材料	加气混凝土砌块 600×240×180		m^3	18.900	1.050	17.810	1.050
	水泥砂浆 1:3		m^3	—	—	21.400	0.119
	水		m^3	—	—	1.700	0.095

工作内容:清理基层,铺设保温层。

计量单位:100m²

定 额 编 号				2-15	2-16	2-17	2-18
项 目				水泥蛭石块		干铺珍珠岩	
				厚度(mm)			
				100	每增减 10	100	每增减 10
名 称			单位	消 耗 量			
人工	合计工日		工日	5.205	0.468	2.961	0.266
	其中	普工	工日	1.561	0.141	0.888	0.080
		一般技工	工日	3.123	0.281	1.777	0.160
		高级技工	工日	0.521	0.046	0.296	0.026
材料	水泥蛭石块		m^3	10.400	1.040	—	—
	珍珠岩		m^3	—	—	12.480	1.040

工作内容:清理基层,调制保温混合料、铺填及养护。 **计量单位**:100m²

定额编号				2-19	2-20	2-21	2-22
项目				水泥炉渣		水泥珍珠岩	
				厚度(mm)			
				100	每增减 10	100	每增减 10
名称			单位	消耗量			
人工	合计工日		工日	7.013	0.631	7.383	0.665
	其中	普工	工日	2.104	0.189	2.215	0.199
		一般技工	工日	4.208	0.379	4.430	0.399
		高级技工	工日	0.701	0.063	0.738	0.067
材料	水泥炉渣 1:6		m^3	10.200	1.020	—	—
	水泥珍珠岩 1:8		m^3	—	—	10.400	1.040
	水		m^3	—	—	7.000	0.700

工作内容:清理基层,铺设保温块料或棉毡。 **计量单位**:100m²

定额编号				2-23	2-24	2-25	2-26
项目				沥青玻璃棉毡		沥青珍珠岩板(块)	
				厚度(mm)			
				30	每增减 5	80	每增减 10
名称			单位	消耗量			
人工	合计工日		工日	1.253	0.376	7.298	0.821
	其中	普工	工日	0.376	0.113	2.190	0.246
		一般技工	工日	0.752	0.226	4.378	0.493
		高级技工	工日	0.125	0.037	0.730	0.082
材料	沥青玻璃棉毡		m^3	3.190	0.531	—	—
	沥青珍珠岩板		m^3	—	—	8.320	1.040

工作内容：清理基层，铺设保温块料。　　计量单位：100m²

定额编号				2-27	2-28	2-29
项目				干铺岩棉板		
				厚度(mm)		
				≤30	≤50	≤60
名称			单位	消耗量		
人工	合计工日		工日	2.012	2.378	2.848
	其中	普工	工日	0.604	0.713	0.854
		一般技工	工日	1.207	1.427	1.709
		高级技工	工日	0.201	0.238	0.285
材料	岩棉板 δ30		m^3	3.060	—	—
	岩棉板 δ50		m^3	—	5.100	—
	岩棉板 δ60		m^3	—	—	6.120

工作内容：清理基层，铺设保温块料。　　计量单位：100m²

定额编号				2-30	2-31	2-32
项目				干铺岩棉板		
				厚度(mm)		
				≤80	≤100	≤120
名称			单位	消耗量		
人工	合计工日		工日	3.422	4.512	5.405
	其中	普工	工日	1.027	1.354	1.621
		一般技工	工日	2.053	2.707	3.243
		高级技工	工日	0.342	0.451	0.541
材料	岩棉板 δ80		m^3	8.160	—	—
	岩棉板 δ100		m^3	—	10.200	—
	岩棉板 δ120		m^3	—	—	12.240

工作内容：基层清理，粘贴保温层。　　**计量单位：**100m²

定额编号				2-33	2-34	2-35
项目				粘贴岩棉板		
				厚度(mm)		
				≤30	≤50	≤60
名称			单位	消耗量		
人工	合计工日		工日	3.080	4.760	5.600
	其中	普工	工日	0.924	1.428	1.680
		一般技工	工日	1.848	2.856	3.360
		高级技工	工日	0.308	0.476	0.560
材料	岩棉板 δ30		m^3	3.060	—	—
	岩棉板 δ50		m^3	—	5.100	—
	岩棉板 δ60		m^3	—	—	6.120
	聚合物粘接砂浆		kg	460.000	460.000	460.000
	其他材料费		%	0.450	0.750	0.900

工作内容：基层清理，粘贴保温层。　　**计量单位：**100m²

定额编号				2-36	2-37	2-38
项目				粘贴岩棉板		
				厚度(mm)		
				≤80	≤100	≤120
名称			单位	消耗量		
人工	合计工日		工日	7.280	8.960	10.640
	其中	普工	工日	2.184	2.688	3.192
		一般技工	工日	4.368	5.376	6.384
		高级技工	工日	0.728	0.896	1.064
材料	岩棉板 δ80		m^3	8.160	—	—
	岩棉板 δ100		m^3	—	10.200	—
	岩棉板 δ120		m^3	—	—	12.240
	聚合物粘接砂浆		kg	460.000	460.000	460.000
	其他材料费		%	1.200	1.500	1.800

工作内容：清理基层，喷发保温层。　　　　计量单位：$100m^2$

定额编号				2-39	2-40
项目				硬泡聚氨酯现场喷发	
				厚度(mm)	
				50	每增减 5
名称			单位	消耗量	
人工	合计工日		工日	9.280	0.400
	其中	普工	工日	2.784	0.120
		一般技工	工日	5.568	0.240
		高级技工	工日	0.928	0.040
材料	硬泡聚氨酯组合料		kg	312.600	31.260
	聚氨酯防潮底漆		kg	11.300	—
	其他材料费		%	1.490	1.420

工作内容：清理基层，粘贴、铺设保温板。　　　　计量单位：$100m^2$

定额编号				2-41	2-42
项目				干铺聚苯乙烯板	粘贴聚苯乙烯板
				厚度(mm)	
				50	40
名称			单位	消耗量	
人工	合计工日		工日	2.435	5.100
	其中	普工	工日	0.731	1.530
		一般技工	工日	1.461	3.060
		高级技工	工日	0.243	0.510
材料	聚苯乙烯板		m^3	5.100	4.080
	界面剂		kg	—	16.000
	聚合物粘接砂浆		kg	—	460.000
	水		m^3	—	0.530

工作内容：清理基层，保温板裁割，粘贴保温层。　　　　计量单位：100m²

定额编号				2-43	2-44
项目				泡沫玻璃	
				厚度(mm)	
				30	每增减 10
名称			单位	消耗量	
人工	合计工日		工日	7.420	1.966
	其中	普工	工日	2.226	0.589
		一般技工	工日	4.452	1.180
		高级技工	工日	0.742	0.197
材料	泡沫玻璃		m^3	3.060	1.020
	聚合物粘接砂浆		kg	460.000	—
	水		m^3	2.550	—
	其他材料费		%	0.070	0.023

工作内容：基层清理，修补屋面，砂浆调制、运输，找坡抹平。　　　　计量单位：100m²

定额编号				2-45	2-46
项目				无机轻集料保温砂浆	
				厚度(mm)	
				30	每增减 5
名称			单位	消耗量	
人工	合计工日		工日	14.331	1.898
	其中	普工	工日	4.299	0.569
		一般技工	工日	8.599	1.139
		高级技工	工日	1.433	0.190
材料	膨胀玻化微珠保温浆料		m^3	3.366	0.561
	水		m^3	0.930	—
	其他材料费		%	0.100	0.100
机械	灰浆搅拌机 200L		台班	0.420	0.070

工作内容:保温层排气管、排气孔制作、安装。

定额编号				2-47	2-48	2-49
项目				保温层 排气管安装	保温层 排气孔安装	
					PVC 管	钢管
				100m	10 个	
名称			单位	消耗量		
人工	合计工日		工日	5.300	0.954	0.954
	其中	普工	工日	1.590	0.287	0.287
		一般技工	工日	3.180	0.572	0.572
		高级技工	工日	0.530	0.095	0.095
材料	塑料排水管 *DN*50		m	101.500	4.200	—
	塑料排水三通 *DN*50		个	20.000	—	—
	塑料排水弯头 *DN*50		个	10.000	20.000	—
	塑料排水外接 *DN*50		个	10.000	—	—
	聚氯乙烯热熔密封胶		kg	1.000	0.050	—
	现浇混凝土 C20		m^3	—	0.006	0.006
	镀锌钢管 *DN*40		m	—	—	4.600
	其他材料费		%	—	2.000	2.000
机械	液压弯管机 60mm		台班	—	—	0.030

(2)墙面保温

工作内容:清理基层,修补墙面,砂浆调制、运输,抹平。 **计量单位**:100m^2

定额编号				2-50	2-51
项目				无机轻集料保温砂浆	
				厚度(mm)	
				25	每增减 5
名称			单位	消耗量	
人工	合计工日		工日	16.112	2.650
	其中	普工	工日	4.834	0.795
		一般技工	工日	9.667	1.590
		高级技工	工日	1.611	0.265
材料	膨胀玻化微珠保温浆料		m^3	2.888	0.578
	水		m^3	3.300	—
	其他材料费		%	0.120	0.200
机械	灰浆搅拌机 200L		台班	0.400	0.080

工作内容:基层清理,抹保温砂浆,喷发保温层。　　　　**计量单位**:100m²

定额编号				2-52	2-53
项目				硬泡聚氨酯现场喷发	
				厚度(mm)	
				50	每增减5
名称			单位	消耗量	
人工	合计工日		工日	9.800	1.000
	其中	普工	工日	2.940	0.300
		一般技工	工日	5.880	0.600
		高级技工	工日	0.980	0.100
材料	硬泡聚氨酯组合料		kg	312.600	31.260
	聚氨酯防潮底漆		kg	11.300	—
	界面砂浆 DB		m³	0.110	—
	其他材料费		%	1.500	1.420

工作内容:玻璃棉装袋、填装。　　　　**计量单位**:100m²

定额编号				2-54	2-55
项目				沥青玻璃棉	
				厚度(mm)	
				100	每增减10
名称			单位	消耗量	
人工	合计工日		工日	12.850	1.157
	其中	普工	工日	3.855	0.347
		一般技工	工日	7.710	0.694
		高级技工	工日	1.285	0.116
材料	沥青玻璃棉		m³	10.400	1.040
	塑料薄膜		kg	61.953	—

工作内容：清理基层、刷界面剂，粘贴保温层。 计量单位：100m²

定额编号				2-56
项目				聚苯乙烯板
				厚度(mm)
				50
名称			单位	消耗量
人工	合计工日		工日	16.159
	其中	普工	工日	4.848
		一般技工	工日	9.695
		高级技工	工日	1.616
材料	聚苯乙烯板		m^3	5.100
	塑料膨胀螺栓		套	600.000
	界面剂		kg	80.000
	聚合物粘接砂浆		kg	460.000
	其他材料费		%	0.632

工作内容：清理基层，修补墙面，保温板裁割，粘贴保温层。 计量单位：100m²

定额编号				2-57	2-58
项目				泡沫玻璃	
				厚度(mm)	
				30	每增减10
名称			单位	消耗量	
人工	合计工日		工日	11.050	3.681
	其中	普工	工日	3.315	1.105
		一般技工	工日	6.630	2.208
		高级技工	工日	1.105	0.368
材料	泡沫玻璃		m^3	3.060	1.020
	聚合物粘接砂浆		kg	460.000	—
	塑料膨胀螺栓		套	700.000	—

工作内容：清理基层、钻孔锚钉、锡纸包裹、铺设保温块料、膨胀螺钉固定。　　**计量单位**：$100m^2$

定额编号				2-59
项目				干挂岩棉板
				厚度(mm)
				50
名称			单位	消耗量
人工	合计工日		工日	27.900
	其中	普工	工日	8.370
		一般技工	工日	16.740
		高级技工	工日	2.790
材料	岩棉板 δ50		m^3	5.100
	塑料膨胀螺栓		套	800.000
	界面剂		kg	10.000
	锡纸		m^2	156.000

工作内容：裁剪，铺设网格布，砂浆调制，运输，抹平。　　**计量单位**：$100m^2$

定额编号				2-60	2-61
项目				抗裂保护层	
				耐碱网格布 抗裂砂浆	增加一层网格布 抗裂砂浆
				厚度(mm)	
				4	2
名称			单位	消耗量	
人工	合计工日		工日	9.221	3.892
	其中	普工	工日	2.766	1.168
		一般技工	工日	5.533	2.335
		高级技工	工日	0.922	0.389
材料	聚合物抗裂砂浆		kg	550.000	275.000
	玻璃纤维网格布(耐碱)		m^2	117.000	112.700
	水		m^3	4.000	0.060

工作内容:1.裁剪,运输,砂浆调制,锚固钢丝网,抹平;
2.单片保温模网安装、校正、固定。

计量单位:$100m^2$

定额编号				2-62	2-63
项目				热镀锌钢丝网抗裂砂浆 厚度(mm) 8	单片保温模网
名称			单位	消耗量	
人工	合计工日		工日	19.080	3.980
	其中	普工	工日	5.724	1.194
		一般技工	工日	11.448	2.388
		高级技工	工日	1.908	0.398
材料	聚合物抗裂砂浆		kg	1101.600	—
	单片保温模网		m^2	—	101.000
	钢丝网(综合)		m^2	115.000	—
	塑料膨胀螺栓		套	612.000	—
	镀锌铁丝 $\phi4.0$		kg	—	19.720
	镀锌铁丝 $\phi0.7$		kg	—	0.060
	钢支撑		kg	—	1.140
	水		m^3	4.080	—

工作内容:基层清理、钻孔锚钉、粘贴保温板、铺网格布、刷界面剂、抹平等全部操作过程。

计量单位:$100m^2$

定额编号				2-64
项目				发泡水泥板
名称			单位	消耗量
人工	合计工日		工日	12.480
	其中	普工	工日	3.740
		一般技工	工日	7.490
		高级技工	工日	1.250
材料	耐碱玻璃纤维网格布		m^2	124.000
	保温专用界面砂浆		m^3	0.150
	发泡水泥板 $\delta20$		m^2	103.000
	塑料胀管带螺钉(保温专用)		套	1200.000
	聚合物粘接砂浆		kg	460.000
	其他材料费		%	1.000

工作内容:基层处理,排版、分格、弹线,钻孔安装固定件,下料,粘贴保温层,嵌缝、勾缝,撕保护膜,清洁面板。

计量单位:$100m^2$

定额编号				2-65
项目				保温装饰一体板
				厚度(mm)
				50
名称			单位	消耗量
人工	合计工日		工日	65.700
	其中	普工	工日	19.710
		一般技工	工日	39.420
		高级技工	工日	6.570
材料	聚苯乙烯塑料保温装饰一体化板		m^2	107.000
	聚合物粘接砂浆		kg	900.000
	固定件		套	900.000
	耐候型硅胶		kg	9.900
	其他材料费		%	2.000
机械	裁板机板宽 1300mm		台班	0.800

工作内容:清理基层,粘贴保温层。

计量单位:$100m^2$

定额编号				2-66	2-67
项目				水泥珍珠岩板	
				附墙粘贴	
				厚度(mm)	
				50	每增减 10
名称			单位	消耗量	
人工	合计工日		工日	16.203	2.917
	其中	普工	工日	4.860	0.875
		一般技工	工日	9.722	1.750
		高级技工	工日	1.621	0.292
材料	水泥珍珠岩板 1×0.5×0.05(m)		m^3	5.200	1.040
	聚合物粘接砂浆		kg	460.000	—
	塑料膨胀螺栓		套	600.000	—

工作内容:清理基层,调、运铺砂浆,加气混凝土砌块运输、锯割、铺砌。 **计量单位**:$10m^3$

定额编号				2-68
项目				加气混凝土块
				附墙砌筑
				厚度(mm)
				150
名称			单位	消耗量
人工	合计工日		工日	13.793
	其中	普工	工日	4.138
		一般技工	工日	8.276
		高级技工	工日	1.379
材料	蒸压砂加气混凝土块(B06级)		m^3	8.237
	干混砌筑砂浆 DM M10		m^3	2.830
	水		m^3	1.660
机械	干混砂浆罐式搅拌机		台班	0.283

工作内容:石膏板铺砌,贴玻璃丝布,刮腻子。 **计量单位**:$100m^2$

定额编号				2-69
项目				保温石膏板
				厚度(mm)
				50
名称			单位	消耗量
人工	合计工日		工日	30.644
	其中	普工	工日	9.194
		一般技工	工日	18.386
		高级技工	工日	3.064
材料	保温石膏板 600×600×50		m^2	106.000
	玻璃丝布 δ0.2		m^2	149.500
	聚合物粘接砂浆		kg	460.000
	108 建筑胶		kg	55.130
	石膏粉		kg	10.700
	大白粉		kg	4.900
	羧甲基纤维素		kg	0.700
	聚醋酸乙烯乳液		kg	0.850
	水		m^3	0.300
	纱布		张	15.000

工作内容:切割保温板,定位、挂保温板。　　　　**计量单位**:100m²

定额编号				2-70	2-71
项目				外墙保温一体板	
				外墙面	柱梁外侧面
				厚度(mm)	
				40	
名称			单位	消耗量	
人工	合计工日		工日	10.000	12.000
	其中	普工	工日	3.000	3.600
		一般技工	工日	6.000	7.200
		高级技工	工日	1.000	1.200
材料	玻化微珠保温夹芯板		m²	105.000	110.000
	保温板一体化锚筋		个	700.000	800.000
	钢锯片 ϕ300		片	0.160	0.240
	其他材料费		%	1.000	1.000

注:外墙保温一体板随混凝土浇筑,置于模板内侧。

工作内容:基层清理,安放保温层。　　　　**计量单位**:100m²

定额编号				2-72	2-73	2-74	2-75
项目				随混凝土浇筑			
				挤塑聚苯板		膨胀聚苯板	
				厚度(mm)			
				50	每增减10	50	每增减10
名称			单位	消耗量			
人工	合计工日		工日	8.000	1.600	7.300	1.400
	其中	普工	工日	2.400	0.480	2.190	0.420
		一般技工	工日	4.800	0.960	4.380	0.840
		高级技工	工日	0.800	0.160	0.730	0.140
材料	大模内置专用挤塑聚苯板		m³	5.500	1.100	—	—
	大模内置专用膨胀聚苯板		m³	—	—	5.500	1.100
	其他材料费		%	1.500	1.500	1.500	1.500

工作内容：清理基层、调运腻子、抹平等。 计量单位：100m²

定额编号				2-76	2-77
项目				厚层保温腻子	
				外墙	
				厚度(mm)	
				20	每增减1
名称			单位	消耗量	
人工	合计工日		工日	13.500	0.500
	其中	普工	工日	2.700	0.100
		一般技工	工日	4.725	0.175
		高级技工	工日	6.075	0.225
材料	厚层保温腻子		kg	1401.600	70.100
	水		m^3	0.840	0.040

(3)天棚保温

工作内容：搬运材料，木框架制作安装，粘贴保温层。 计量单位：100m²

定额编号				2-78	2-79
项目				混凝土板下天棚保温(带龙骨)	天棚板面上铺放
				粘贴聚苯乙烯板	聚苯乙烯板
				厚度(mm)	
				50	
名称			单位	消耗量	
人工	合计工日		工日	23.478	2.740
	其中	普工	工日	7.043	0.822
		一般技工	工日	14.087	1.644
		高级技工	工日	2.348	0.274
材料	聚苯乙烯板		m^3	4.784	5.100
	聚合物粘接砂浆		kg	421.818	—
	板枋材		m^3	0.375	—
	铁件(综合)		kg	22.725	—
	防腐油		kg	5.665	—
	石棉粉		kg	22.583	—
	酒精		kg	221.453	—
	其他材料费		%	0.500	2.000

工作内容：刷界面剂，粘贴保温层。　　　　**计量单位**：$100m^2$

定额编号				2-80
项目				混凝土板下天棚保温（不带龙骨）
				聚合物砂浆粘贴聚苯乙烯板
				厚度（mm）
				50
名称			单位	消耗量
人工	合计工日		工日	12.775
	其中	普工	工日	3.832
		一般技工	工日	7.665
		高级技工	工日	1.278
材料	界面剂		kg	8.000
	聚苯乙烯板		m^3	5.100
	塑料膨胀螺栓		套	600.000
	聚合物粘接砂浆		kg	460.000
	水		m^3	0.232
	其他材料费		%	1.370

工作内容：清理基层，喷发保温层。　　　　**计量单位**：$100m^2$

定额编号				2-81	2-82
项目				硬泡聚氨酯现场喷发	
				厚度（mm）	
				50	每增减5
名称			单位	消耗量	
人工	合计工日		工日	13.700	0.500
	其中	普工	工日	4.110	0.150
		一般技工	工日	8.220	0.300
		高级技工	工日	1.370	0.050
材料	硬泡聚氨酯组合料		kg	312.600	31.260
	聚氨酯防潮底漆		kg	11.300	—
	其他材料费		%	1.490	1.420

工作内容：清理基层，刷粘接剂，粘贴保温层。 **计量单位**：$100m^2$

定额编号				2-83	2-84	2-85
项目				超细无机纤维棉		粘贴岩棉板
				厚度(mm)		
				50	每增减 10	50
名称			单位	消耗量		
人工	合计工日		工日	15.100	1.100	15.100
	其中	普工	工日	4.530	0.330	4.530
		一般技工	工日	9.060	0.660	9.060
		高级技工	工日	1.510	0.110	1.510
材料	无机纤维棉		kg	1250.000	250.000	—
	岩棉板 δ50		m^3	—	—	5.100
	粘接剂		kg	125.000	25.000	—
	聚合物粘接砂浆		kg	—	—	460.000
	无机纤维罩面剂		kg	49.800	—	—
	界面砂浆 DB		m^3	0.110	—	—
	其他材料费		%	1.500	1.500	0.750

工作内容：基层清理，修补天棚，砂浆调制、运输，找坡抹灰。 **计量单位**：$100m^2$

定额编号				2-86	2-87
项目				无机轻集料保温砂浆	
				厚度(mm)	
				20	每增减 5
名称			单位	消耗量	
人工	合计工日		工日	17.278	3.710
	其中	普工	工日	5.183	1.113
		一般技工	工日	10.367	2.226
		高级技工	工日	1.728	0.371
材料	膨胀玻化微珠保温浆料		m^3	2.332	0.583
	水		m^3	0.640	—
	其他材料费		%	0.200	0.200
机械	灰浆搅拌机 200L		台班	0.280	0.070

(4)楼地面及其他保温

工作内容:基层清理、混凝土浇捣及浇筑。　　**计量单位**:100m²

定额编号			2-88
项目			轻集料混凝土
			厚度(mm)
			100
名称		单位	消耗量
人工	合计工日	工日	3.270
	其中 普工	工日	0.981
	其中 一般技工	工日	1.962
	其中 高级技工	工日	0.327
材料	轻集料混凝土(非泵送)	m^3	10.100

工作内容:清理基层,铺、贴保温板。　　**计量单位**:100m²

定额编号			2-89	2-90
项目			粘贴聚苯乙烯板	干铺聚苯乙烯板
			厚度(mm)	厚度(mm)
			50	
名称		单位	消耗量	
人工	合计工日	工日	4.416	2.349
	其中 普工	工日	1.325	0.705
	其中 一般技工	工日	2.650	1.409
	其中 高级技工	工日	0.441	0.235
材料	聚苯乙烯板	m^3	5.100	5.100
	聚合物粘接砂浆	kg	554.325	—

(5)隔热工程

工作内容:基层清理、砌筑砖垫、安装混凝土预制板、勾缝。 **计量单位:**100m²

定额编号				2-91
项目				预制混凝土板架空隔热层
名称			单位	消耗量
人工	合计工日		工日	5.100
	其中	普工	工日	1.530
		一般技工	工日	3.060
		高级技工	工日	0.510
材料	预制钢筋混凝土屋面隔热板 C20 δ35		m^2	101.500
	预拌砌筑砂浆(干拌) DM M5		m^3	0.500
	干混抹灰砂浆 DP M20		m^3	0.100
	页岩砖 240×115×53		千块	1.722
	其他材料费		%	0.100

工作内容:基层清理、安装预制纤维板水泥架空板板凳。 **计量单位:**100m²

定额编号				2-92
项目				预制纤维板水泥架空板凳隔热层
名称			单位	消耗量
人工	合计工日		工日	16.000
	其中	普工	工日	4.800
		一般技工	工日	9.600
		高级技工	工日	1.600
材料	预制纤维板水泥架空板板凳(成品)498×498×200		个	404.000
	纤维水泥板 160×160×10		块	1616.000
	建筑胶		kg	12.875

工作内容：清理基层、贴遮蔽膜、配浆、喷浆、清理残留等。　　　　**计量单位**：$100m^2$

定额编号				2-93	2-94	2-95
项目				反射隔热涂料(覆盖)		
				外墙涂料面基层		
				光面	毛面	砂壁
名称			单位	消耗量		
人工	合计工日		工日	1.000	1.100	1.200
	其中	普工	工日	0.200	0.220	0.240
		一般技工	工日	0.350	0.385	0.420
		高级技工	工日	0.450	0.495	0.540
材料	塑料薄膜		m^2	37.800	37.800	37.800
	反射隔热涂料		kg	37.800	44.600	63.000
	其他材料费		%	0.100	0.100	0.100

二、高效冷热源设备

1. 溴化锂吸收式制冷机

工作内容: 开箱检查设备、附件、吊装、就位、安装、找平、找正、固定、垫铁焊接、单机试运转。

计量单位:台

定额编号				2-96	2-97	2-98	2-99
项目				设备重量(t)			
				≤5	≤8	≤10	≤15
名称			单位	消耗量			
人工	合计工日		工日	30.939	45.158	53.586	77.951
	其中	普工	工日	6.188	9.032	10.717	15.590
		一般技工	工日	22.276	32.514	38.582	56.125
		高级技工	工日	2.475	3.612	4.287	6.236
材料	平垫铁(综合)		kg	25.700	29.570	36.300	45.280
	斜垫铁 Q195～Q235 1#		kg	22.310	27.460	31.920	39.040
	钢丝绳 ϕ14.1～15		kg	—	—	—	1.250
	镀锌铁丝 ϕ2.8～4.0		kg	2.200	2.200	2.200	2.200
	圆钉 ϕ5 以内		kg	0.050	0.050	0.050	0.100
	低碳钢焊条 J422 ϕ2.5		kg	0.650	0.650	0.650	0.650
	碳钢气焊条 ϕ2 以内		kg	0.200	0.200	0.200	0.200
	木板		m^3	0.013	0.017	0.032	0.044
	道木		m^3	0.041	0.062	0.062	0.077
	汽油 90#		kg	12.240	15.000	18.360	20.400
	煤油		kg	1.500	2.000	2.000	2.000
	机油		kg	1.010	1.520	2.020	2.530
	黄油钙基脂		kg	0.270	0.270	0.270	0.270
	氧气		m^3	0.520	0.520	1.071	1.071
	乙炔气		kg	0.173	0.173	0.357	0.357
	白漆		kg	0.100	0.100	0.100	0.100
	石棉橡胶板 高压 δ1～6		kg	4.000	5.000	6.000	6.500
	橡胶盘根 低压		kg	0.500	0.600	0.700	0.800
	铁砂布 0#～2#		张	3.000	4.000	4.000	4.000
	塑料布		kg	4.410	5.790	5.790	5.790
	其他材料费		%	5.000	5.000	5.000	5.000
机械	载重汽车 10t		台班	0.200	0.300	0.300	0.400
	汽车式起重机 8t		台班	0.100	0.500	0.600	0.700
	汽车式起重机 16t		台班	0.200	0.500	0.700	—
	汽车式起重机 25t		台班	—	—	—	0.900
	电动空气压缩机 6m^3/min		台班	0.500	0.700	0.900	1.100
	交流弧焊机 21kV·A		台班	0.200	0.300	0.400	0.500

工作内容：开箱检查设备、附件、吊装、就位、安装、找平、找正、固定、垫铁焊接、单机试运转。

计量单位：台

定额编号				2-100	2-101	2-102
项目				设备重量(t)		
				≤20	≤25	≤30
名称			单位	消耗量		
人工	合计工日		工日	91.654	107.984	119.467
	其中	普工	工日	18.331	21.597	23.893
		一般技工	工日	65.991	77.748	86.017
		高级技工	工日	7.332	8.639	9.557
材料	平垫铁(综合)		kg	50.920	60.370	83.000
	斜垫铁 Q195～Q235 1#		kg	44.920	56.760	75.600
	钢丝绳 ϕ14.1～15		kg	1.920	—	—
	钢丝绳 ϕ16～18.5		kg	—	2.080	2.080
	镀锌铁丝 ϕ2.8～4.0		kg	2.200	2.200	2.200
	圆钉 ϕ5 以内		kg	0.100	0.150	0.150
	低碳钢焊条 J422 ϕ2.5		kg	0.650	0.960	1.280
	碳钢气焊条 ϕ2 以内		kg	0.300	0.400	0.500
	木板		m^3	0.054	0.060	0.085
	道木		m^3	0.116	0.152	0.173
	汽油 90#		kg	22.440	25.500	28.560
	煤油		kg	3.000	3.000	3.000
	机油		kg	2.730	2.830	3.030
	黄油钙基脂		kg	0.300	0.300	0.300
	氧气		m^3	1.071	1.071	1.612
	乙炔气		kg	0.357	0.357	0.541
	白漆		kg	0.300	0.300	0.400
	石棉橡胶板 高压 δ1～6		kg	6.500	7.000	7.500
	橡胶盘根 低压		kg	1.000	1.200	1.400
	铁砂布 0#～2#		张	5.000	5.000	5.000
	塑料布		kg	9.210	10.200	11.130
	其他材料费		%	5.000	5.000	5.000
机械	载重汽车 10t		台班	0.500	0.800	1.000
	汽车式起重机 8t		台班	2.000	2.300	2.500
	汽车式起重机 30t		台班	1.000	1.600	—
	汽车式起重机 50t		台班	—	—	1.000
	电动空气压缩机 6m^3/min		台班	2.500	2.500	2.500
	交流弧焊机 21kV·A		台班	2.300	2.970	3.100

2. 多联式空调机组

(1) 多联式空调室外机

工作内容：开箱、检查、就位、找正、找平、固定、单机试运转。 **计量单位：**台

定额编号			2-103	2-104	2-105	2-106	2-107
项目			制冷量(kW)				
			≤30	≤50	≤90	≤140	≤200
名称		单位	消耗量				
人工	合计工日	工日	3.362	5.709	8.564	12.847	15.684
人工	其中 普工	工日	1.513	2.569	3.854	5.781	7.058
人工	其中 一般技工	工日	1.513	2.569	3.854	5.781	7.058
人工	其中 高级技工	工日	0.336	0.571	0.856	1.285	1.568
材料	镀锌六角螺栓带螺母 M16×(85~100)	套	10.200	12.240	18.360	24.480	30.600
材料	镀锌弹簧垫圈 M16	个	10.400	12.480	18.720	24.960	31.200
材料	镀锌垫圈 M16	个	20.800	24.960	37.440	49.920	62.400
材料	棉纱	kg	0.500	0.500	0.500	0.750	1.000
材料	煤油	kg	0.125	0.125	0.169	0.253	0.337
材料	其他材料费	%	1.000	1.000	1.000	1.000	1.000
机械	载重汽车 5t	台班	0.009	0.009	0.009	0.013	0.016
机械	汽车式起重机 8t	台班	0.021	0.021	0.021	0.031	0.039
机械	电动单筒快速卷扬机 10kN	台班	0.013	0.013	0.013	—	—
机械	电动单筒慢速卷扬机 30kN	台班	—	—	—	0.060	0.060

(2)多联式空调室内机

工作内容：开箱检查设备、附件、试压、底座螺栓、打膨胀螺栓、制作安装吊架、胀塞、上螺栓、安装、找平、找正、加垫、螺栓固定、单机试运转。　　**计量单位：**台

定额编号				2-108	2-109	2-110	2-111
项　目				落地式	吊顶式	壁挂式	嵌入式
名　称			单位	消　耗　量			
人工	合计工日		工日	0.619	1.670	0.903	1.840
	其中	普工	工日	0.278	0.751	0.407	0.828
		一般技工	工日	0.279	0.752	0.406	0.828
		高级技工	工日	0.062	0.167	0.090	0.184
材料	角钢 50×5 以内		kg	—	2.918	—	2.918
	角钢 63 以内		kg	—	0.592	—	—
	圆钢 ϕ10～14		kg	—	2.550	—	2.805
	膨胀螺栓 M10		10 套	0.416	0.416	—	0.416
	镀锌六角螺母 M10		10 个	—	1.272	—	1.272
	镀锌弹簧垫圈 M10		个	—	4.240	—	4.240
	镀锌垫圈 M10		个	—	8.480	—	8.480
	塑料胀塞		个	—	—	4.160	—
	聚酯乙烯泡沫塑料		kg	0.100	0.100	0.100	0.100
	聚氯乙烯薄膜		kg	0.010	0.010	0.010	0.010
	煤油		kg	2.800	2.800	2.800	2.800
	棉纱		kg	0.050	0.050	—	0.050
	冲击钻头 ϕ10～20		个	0.010	0.010	0.010	0.010
	尼龙砂轮片 ϕ500×25×4		片	—	0.008	—	—
	其他材料费		%	1.000	1.000	1.000	1.000
机械	交流弧焊机 21kV·A		台班	—	0.100	—	—
	台式钻床 16mm		台班	—	0.010	—	—
	电动单筒快速卷扬机 5kN		台班	0.040	0.040	0.040	0.040
	载重汽车 8t		台班	0.010	0.010	0.010	0.010

3. 电机驱动的蒸汽压缩循环冷水(热泵)机组

工作内容: 开箱检查设备、附件、吊装、就位、安装、找平、找正、固定、垫铁焊接、单机试运转。

计量单位:台

定额编号				2-112	2-113	2-114	2-115
项目				设备重量(t)			
				≤0.5	≤1	≤2	≤3
名称			单位	消耗量			
人工	合计工日		工日	8.357	12.070	18.014	23.228
	其中	普工	工日	1.671	2.414	3.603	4.646
		一般技工	工日	6.017	8.690	12.970	16.724
		高级技工	工日	0.669	0.966	1.441	1.858
材料	钢板 δ4.5～10		kg	2.000	2.000	2.000	3.000
	低碳钢焊条 J422 ϕ4.0		kg	0.150	0.200	0.200	0.200
	氧气		m^3	0.300	0.300	0.360	0.420
	乙炔气		kg	0.100	0.100	0.120	0.140
	镀锌铁丝 ϕ2.8～4.0		kg	0.300	0.300	0.300	0.300
	煤油		kg	0.500	1.000	1.500	1.500
	机油		kg	0.150	0.300	0.500	0.500
	黄油		kg	0.100	0.200	0.250	0.300
	其他材料费		%	5.000	5.000	5.000	5.000
机械	交流弧焊机 21kV·A		台班	0.100	0.100	0.100	0.150
	汽车式起重机 8t		台班	0.050	0.050	0.070	0.110

工作内容: 开箱检查设备、附件、吊装、就位、安装、找平、找正、固定、垫铁焊接、单机试运转。

计量单位:台

定额编号				2-116	2-117	2-118	2-119
项目				设备重量(t)			
				≤5	≤8	≤10	≤15
名称			单位	消耗量			
人工	合计工日		工日	36.889	53.753	60.699	75.841
	其中	普工	工日	7.378	10.751	12.140	15.168
		一般技工	工日	26.560	38.702	43.703	54.606
		高级技工	工日	2.951	4.300	4.856	6.067
材料	钢板 δ4.5～10		kg	4.000	6.000	6.000	8.000
	低碳钢焊条 J422 ϕ4.0		kg	0.200	0.300	0.300	0.300
	氧气		m^3	0.600	0.750	0.900	1.200
	乙炔气		kg	0.200	0.250	0.300	0.400
	镀锌铁丝 ϕ2.8～4.0		kg	0.300	0.300	0.300	0.300
	煤油		kg	2.000	2.000	2.500	3.000
	机油		kg	0.700	0.800	1.000	1.200
	黄油		kg	0.350	0.400	0.500	0.600
	其他材料费		%	5.000	5.000	5.000	5.000
机械	交流弧焊机 21kV·A		台班	0.200	0.250	0.250	0.250
	汽车式起重机 8t		台班	0.180	—	—	—
	汽车式起重机 16t		台班	—	0.500	0.700	0.900

4. VAV 变风量空调机

(1)变风量空气处理机组(落地式)

工作内容：开箱、检查设备及附件、就位、连接、上螺栓、找正、找平、固定、外表污物清理，单机试运转。

计量单位：台

定额编号			2-120	2-121	2-122	2-123
项目			风量(m^3/h)			
			≤4000	≤10000	≤20000	≤30000
名称		单位	消耗量			
人工	合计工日	工日	3.655	6.663	11.406	24.576
其中	普工	工日	1.644	2.999	5.132	11.059
	一般技工	工日	1.645	2.998	5.133	11.059
	高级技工	工日	0.366	0.666	1.141	2.458
材料	棉纱	kg	0.210	0.410	0.730	1.190
	煤油	kg	0.420	0.810	1.460	2.390
	其他材料费	%	1.000	1.000	1.000	1.000
机械	载重汽车 5t	台班	0.146	0.146	0.292	0.292
	汽车式起重机 8t	台班	0.073	0.073	0.209	0.251
	电动单筒快速卷扬机 10kN	台班	0.098	0.196	0.196	0.183
	电动单筒慢速卷扬机 30kN	台班	—	—	—	0.060

工作内容：开箱、检查设备及附件、就位、连接、上螺栓、找正、找平、固定、外表污物清理，单机试运转。

计量单位：台

定额编号			2-124	2-125	2-126	2-127
项目			风量(m^3/h)			
			≤40000	≤60000	≤80000	≤100000
名称		单位	消耗量			
人工	合计工日	工日	34.699	58.677	82.160	104.200
其中	普工	工日	15.614	26.404	36.972	46.890
	一般技工	工日	15.615	26.405	36.972	46.890
	高级技工	工日	3.470	5.868	8.216	10.420
材料	棉纱	kg	1.600	2.420	4.210	5.160
	煤油	kg	3.200	4.830	8.420	10.330
	其他材料费	%	1.000	1.000	1.000	1.000
机械	载重汽车 5t	台班	0.292	0.375	0.375	0.375
	汽车式起重机 8t	台班	0.304	0.392	0.416	0.451
	电动单筒快速卷扬机 10kN	台班	0.170	0.170	0.170	0.157
	电动单筒慢速卷扬机 30kN	台班	0.120	0.300	0.300	0.060
	电动单筒慢速卷扬机 50kN	台班	—	—	—	0.300

(2)变风量末端装置

工作内容:开箱检查设备、附件、底座螺栓,安装、找平、找正、加垫、螺栓固定。 **计量单位:**台

定额编号				2-128	2-129
项目				单风道型	风机动力型
名称			单位	消耗量	
人工	合计工日		工日	1.117	1.227
	其中	普工	工日	0.502	0.552
		一般技工	工日	0.503	0.552
		高级技工	工日	0.112	0.123
材料	圆钢(综合)		kg	1.660	1.660
	槽钢 5# ~16#		kg	14.840	14.840
	垫圈 M2 ~8		10 个	0.848	0.848
	弹簧垫圈 M2 ~10		10 个	0.848	0.848
	膨胀螺栓 M10		10 套	0.416	0.416
	六角螺母 M8		10 个	0.848	0.848
	橡胶板 δ5 ~10		kg	0.290	0.290
	棉纱		kg	0.050	0.050
	其他材料费		%	2.000	2.000

5. 辐射供暖供冷装置

(1)一体化预制辐射供暖(冷)板

工作内容:基层清理、找平、就位安装、固定连接、试验。 **计量单位:**m^2

定额编号				2-130	2-131	2-132
项目				地面安装	墙面安装	顶棚安装
名称			单位	消耗量		
人工	合计工日		工日	0.128	0.140	0.250
	其中	普工	工日	0.032	0.035	0.050
		一般技工	工日	0.083	0.091	0.125
		高级技工	工日	0.013	0.014	0.075
材料	供暖板		m^2	1.010	1.010	1.010
	辐射供暖供冷专用接头		个	2.500	2.500	2.500
	橡塑保温管 *DN*15		m	0.400	0.400	0.400
	其他材料费		%	3.000	3.000	3.000
机械	试压泵 3MPa		台班	0.005	0.005	0.005

(2)毛细管席

工作内容:施工准备、开箱检查、挂装就位、集管熔接、黏结固定、冲洗试压。　　**计量单位:**$10m^2$

定额编号				2-133
项目				毛细管席
名称			单位	消耗量
人工	合计工日		工日	1.657
	其中	普工	工日	0.725
		一般技工	工日	0.534
		高级技工	工日	0.398
材料	毛细管席		m^2	10.100
	毛细管专用管卡		个	50.000
	万能胶		kg	2.500
	弹簧压力表 Y-100　0~1.6MPa		块	0.002
	压力表表弯 *DN*15		个	0.002
	其他材料费		%	3.000
机械	热板焊机		台班	0.443
	试压泵 2.5MPa		台班	0.005

(3)预制沟槽保温板

工作内容:基层清理、找平、就位安装、固定。　　**计量单位:**$10m^2$

定额编号				2-134	2-135
项目				地面安装	墙面安装
名称			单位	消耗量	
人工	合计工日		工日	0.288	0.316
	其中	普工	工日	0.071	0.078
		一般技工	工日	0.188	0.206
		高级技工	工日	0.029	0.032
材料	预制沟槽保温板		m^2	10.300	10.300
	其他材料费		%	3.000	3.000

(4)泡沫塑料隔热板

工作内容:基层清理、下料切割、铺装、边缝填补。 **计量单位:**10m²

定额编号				2-136	2-137	2-138
项目				泡沫塑料隔热板		
				厚度(mm)		
				20	30	40
名称			单位	消耗量		
人工	合计工日		工日	0.213	0.230	0.254
	其中	普工	工日	0.053	0.057	0.063
		一般技工	工日	0.139	0.150	0.166
		高级技工	工日	0.021	0.023	0.025
材料	泡沫塑料隔热板		m²	10.300	10.300	10.300
	塑料薄膜		m²	1.093	1.093	1.093
	其他材料费		%	3.000	3.000	3.000

工作内容:基层清理、下料切割、铺装、边缝填补。

定额编号				2-139	2-140	2-141
项目				铝箔均热层	边界保温带	钢丝网
				10m²	10m	10m²
名称			单位	消耗量		
人工	合计工日		工日	0.140	0.050	0.250
	其中	普工	工日	0.035	0.012	0.062
		一般技工	工日	0.091	0.033	0.163
		高级技工	工日	0.014	0.005	0.025
材料	粘接剂		kg	1.500	—	—
	铝箔		m²	10.300	—	—
	聚苯乙烯条 10×180		m	—	10.500	—
	密封膏		kg	—	0.015	—
	钢丝网(综合)		m²	—	—	10.300
	其他材料费		%	3.000	3.000	3.000

(5)辐射供暖供冷管

工作内容：划线定位、切管、调直、煨弯、管道固定、隐蔽充压、冲洗及水压试验。　　**计量单位：**10m

定额编号				2-142	2-143	2-144	2-145
项目				塑料管			
				公称外径(mm)			
				≤10	≤16	≤20	≤25
名称			单位	消耗量			
人工	合计工日		工日	0.179	0.185	0.191	0.201
	其中	普工	工日	0.044	0.046	0.048	0.050
		一般技工	工日	0.116	0.120	0.124	0.131
		高级技工	工日	0.019	0.019	0.019	0.020
材料	地板辐射采暖塑料管		m	10.200	10.200	10.200	10.200
	柔性塑料套管 ϕ10		m	0.204	—	—	—
	柔性塑料套管 ϕ20		m	—	0.204	—	—
	柔性塑料套管 ϕ25		m	—	—	0.204	—
	柔性塑料套管 ϕ32		m	—	—	—	0.204
	塑料卡钉 ϕ10		个	26.250	—	—	—
	塑料卡钉 ϕ16		个	—	26.250	—	—
	塑料卡钉 ϕ20		个	—	—	26.250	—
	塑料卡钉 ϕ25		个	—	—	—	25.250
	锯条(各种规格)		根	0.019	0.024	0.030	0.037
	水		m^3	0.004	0.005	0.006	0.008
	螺纹阀门 *DN*20		个	0.004	0.004	0.004	0.004
	焊接钢管 *DN*20		m	0.013	0.013	0.013	0.014
	橡胶软管 *DN*20		m	0.006	0.006	0.006	0.006
	弹簧压力表 Y－100　0～1.6MPa		块	0.002	0.002	0.002	0.002
	压力表弯管 *DN*15		个	0.002	0.002	0.002	0.002
	其他材料费		%	2.000	2.000	2.000	2.000
机械	试压泵 3MPa		台班	0.002	0.002	0.002	0.002
	电焊机（综合）		台班	0.001	0.001	0.001	0.001
	电动单级离心清水泵 100mm		台班	0.002	0.002	0.002	0.002

工作内容:划线定位、调直、切管、机械弯管、管道及管件连接、水压试验及水冲洗。 **计量单位**:10m

定额编号				2-146	2-147	2-148
项目				铝塑复合管		
				公称外径(mm)		
				≤16	≤20	≤25
名称			单位	消耗量		
人工	合计工日		工日	0.337	0.372	0.412
	其中	普工	工日	0.084	0.093	0.103
		一般技工	工日	0.219	0.242	0.268
		高级技工	工日	0.034	0.037	0.041
材料	铝塑复合管		m	10.160	10.160	10.160
	锯条(各种规格)		根	0.110	0.132	0.158
	铁砂布		张	0.043	0.053	0.066
	电		kW·h	1.203	1.245	1.289
	水		m^3	0.005	0.008	0.014
	螺纹阀门 *DN*20		个	0.004	0.004	0.004
	焊接钢管 *DN*20		m	0.013	0.013	0.014
	橡胶软管 *DN*20		m	0.006	0.006	0.006
	弹簧压力表 Y-100 0~1.6MPa		块	0.002	0.002	0.002
	压力表弯管 *DN*15		个	0.002	0.002	0.002
	其他材料费		%	3.000	3.000	3.000
机械	电焊机(综合)		台班	0.001	0.001	0.001
	试压泵 3MPa		台班	0.002	0.002	0.002
	电动单级离心清水泵 100mm		台班	0.002	0.002	0.002

工作内容:调直、切管、坡口、焊接、管道及管件安装、水压试验及水冲洗。　　**计量单位:**10m

定额编号				2-149	2-150	2-151	2-152
项目				铜管			
				公称外径(mm)			
				≤15	≤18	≤22	≤28
名称			单位	消耗量			
人工	合计工日		工日	0.577	0.611	0.648	0.672
	其中	普工	工日	0.144	0.153	0.162	0.168
		一般技工	工日	0.375	0.397	0.421	0.437
		高级技工	工日	0.058	0.061	0.065	0.067
材料	铜管		m	10.160	10.160	10.160	10.160
	锯条(各种规格)		根	0.053	0.053	0.126	0.145
	尼龙砂轮片 $\phi100$		片	0.015	0.019	0.024	0.024
	尼龙砂轮片 $\phi400$		片	0.017	0.020	0.023	0.023
	铜焊粉		kg	0.023	0.030	0.040	0.050
	铜气焊丝		kg	0.158	0.174	0.192	0.226
	镀锌铁丝 $\phi2.8\sim4.0$		kg	0.036	0.040	0.045	0.068
	破布		kg	0.071	0.080	0.090	0.150
	氧气		m^3	0.396	0.464	0.544	0.684
	乙炔气		kg	0.155	0.172	0.191	0.243
	水		m^3	0.005	0.008	0.014	0.023
	螺纹阀门 *DN*20		个	0.004	0.004	0.004	0.004
	焊接钢管 *DN*20		m	0.012	0.013	0.014	0.015
	橡胶软管 *DN*20		m	0.006	0.006	0.006	0.007
	弹簧压力表 Y-100　0~1.6MPa		块	0.002	0.002	0.002	0.002
	压力表弯管 *DN*15		个	0.002	0.002	0.002	0.002
	其他材料费		%	3.000	3.000	3.000	3.000
机械	电焊机(综合)		台班	0.001	0.001	0.001	0.001
	砂轮切割机 $\phi400$		台班	0.004	0.004	0.004	0.008
	试压泵 3MPa		台班	0.002	0.002	0.002	0.002
	电动单级离心清水泵 100mm		台班	0.002	0.002	0.002	0.002
	电动弯管机 50mm		台班	0.220	0.220	0.220	0.220

(6)加热电缆敷设

工作内容:基层清理、电缆检查、标称电阻及绝缘电阻测试、就位安装、与金属网固定、冷热线连接。

计量单位:10m

定额编号				2-153
项目				加热电缆敷设
名称			单位	消耗量
人工	合计工日		工日	0.125
	其中	普工	工日	0.031
		一般技工	工日	0.075
		高级技工	工日	0.019
材料	加热电缆		m	10.100
	其他材料费		%	3.000
机械	电缆电阻测试仪		台班	0.018

(7)分户计量装置

工作内容:切管、套丝,制垫、加垫,成套热量表、阀门安装,紧螺栓,接地、配合调试、水压试验。

计量单位:套

定额编号				2-154	2-155	2-156	2-157	2-158
项目				整体式电磁热量表(螺纹法兰连接)				
				公称直径(mm)				
				≤15	≤20	≤25	≤32	≤40
名称			单位	消耗量				
人工	合计工日		工日	0.455	0.491	0.495	0.735	0.902
	其中	普工	工日	0.113	0.123	0.148	0.183	0.225
		一般技工	工日	0.296	0.319	0.287	0.478	0.587
		高级技工	工日	0.046	0.049	0.060	0.074	0.090
材料	整体式电磁热量表(螺纹法兰连接)		套	1.000	1.000	1.000	1.000	1.000
	测温球阀		个	2.020	2.020	2.020	2.020	2.020
	螺纹法兰		片	2.000	2.000	2.000	2.000	2.000
	石棉橡胶板 低压 $\delta0.8\sim6$		kg	0.008	0.010	0.012	0.015	0.018
	聚四氟乙烯生料带 宽20		m	3.391	4.522	5.652	7.235	9.043
	锯条(各种规格)		根	0.379	0.384	0.396	0.418	0.446
	尼龙砂轮片 $\phi400$		片	0.021	0.025	0.057	0.072	0.084
	机油		kg	0.033	0.043	0.052	0.067	0.084
	水		m^3	0.001	0.001	0.001	0.001	0.001
	氧气		m^3	0.111	0.120	0.126	0.135	0.144
	乙炔气		kg	0.037	0.040	0.042	0.045	0.048
	低碳钢焊条 J422 $\phi3.2$		kg	0.115	0.139	0.158	0.208	0.237
	热轧厚钢板 $\delta12\sim20$		kg	0.064	0.077	0.093	0.128	0.148
	无缝钢管 $D22\times2$		m	0.009	0.009	0.009	0.009	0.009
	输水软管 $\phi25$		m	0.018	0.018	0.018	0.018	0.018
	螺纹阀门 *DN*15		个	0.018	0.018	0.018	0.018	0.018
	六角螺栓		kg	0.099	0.108	0.108	0.216	0.225
	压力表弯管 *DN*15		个	0.018	0.018	0.018	0.018	0.018
	弹簧压力表 Y-100 0~1.6MPa		块	0.018	0.018	0.018	0.018	0.018
	其他材料费		%	2.000	2.000	2.000	2.000	2.000
机械	砂轮切割机 $\phi400$		台班	0.005	0.007	0.018	0.024	0.026
	管子切断套丝机 159mm		台班	0.031	0.041	0.082	0.105	0.130
	电焊机(综合)		台班	0.021	0.025	0.028	0.035	0.042
	试压泵 3MPa		台班	0.018	0.018	0.018	0.018	0.018

工作内容：切管、制垫、加垫，成套热量表、阀门安装，紧螺栓，接地、配合调试、水压试验。 **计量单位**：套

定额编号			2-159	2-160	2-161	2-162
项目			整体式电磁热量表(法兰连接)			
			入口管道公称直径(mm)			
			≤50	≤65	≤80	≤100
名称		单位	消耗量			
人工	合计工日	工日	1.357	1.616	1.908	2.271
其中	普工	工日	0.209	0.249	0.294	0.350
	一般技工	工日	0.814	0.969	1.144	1.363
	高级技工	工日	0.334	0.398	0.470	0.558
材料	整体式电磁热量表(法兰连接)	套	1.000	1.000	1.000	1.000
	平焊法兰	片	2.000	2.000	2.000	2.000
	温度计套管	个	2.000	2.000	2.000	2.000
	测温束接	个	2.000	2.000	2.000	2.000
	石棉橡胶板 低压 δ0.8～6	kg	0.022	0.028	0.036	0.046
	六角螺栓带螺母、垫圈 M16×(65～80)	套	4.120	4.120	8.240	—
	六角螺栓带螺母、垫圈 M16×(85～140)	套	—	—	—	8.240
	氧气	m^3	0.168	0.196	0.223	0.312
	乙炔气	kg	0.054	0.065	0.081	0.121
	低碳钢焊条 J422 ϕ3.2	kg	0.358	0.767	1.345	1.986
	尼龙砂轮片 ϕ100	片	0.559	0.772	0.858	0.993
	尼龙砂轮片 ϕ400	片	0.248	0.252	0.282	0.341
	水	m^3	0.003	0.003	0.003	0.003
	机油	kg	0.120	0.126	0.131	0.143
	锯条(各种规格)	根	0.715	0.715	0.715	0.715
	电	kW·h	0.379	0.511	0.569	0.678
	热轧厚钢板 δ12～20	kg	0.640	0.810	0.950	1.372
	无缝钢管 *D*22×2	m	0.032	0.032	0.032	0.038
	输水软管 ϕ25	m	0.064	0.064	0.064	0.076
	螺纹阀门 *DN*15	个	0.064	0.064	0.064	0.076
	六角螺栓	kg	0.800	0.832	0.864	0.928
	压力表弯管 *DN*15	个	0.064	0.064	0.064	0.076
	弹簧压力表 Y－100 0～1.6MPa	块	0.064	0.064	0.064	0.076
	其他材料费	%	3.000	3.000	3.000	3.000
机械	砂轮切割机 ϕ400	台班	0.042	0.058	0.064	0.076
	电焊机（综合）	台班	0.071	0.096	0.105	0.123
	试压泵 3MPa	台班	0.064	0.096	0.096	0.114

6. 热媒集配装置

(1) 不带箱热媒集配装置

工作内容：外观检查，固定支架、分集水器安装，与分支管连接，水压试验。 **计量单位：组**

定额编号				2-163	2-164	2-165	2-166
项目				分支管(环路)			
				≤2	≤4	≤6	≤8
名称			单位	消耗量			
人工	合计工日		工日	0.228	0.352	0.434	0.532
	其中	普工	工日	0.057	0.088	0.109	0.133
		一般技工	工日	0.148	0.229	0.282	0.346
		高级技工	工日	0.023	0.035	0.043	0.053
材料	分集水器(不带箱)		组	1.000	1.000	1.000	1.000
	金属膨胀螺栓 M6		套	4.120	4.120	4.120	4.120
	冲击钻头 $\phi10$		个	0.048	0.048	0.048	0.048
	锯条(各种规格)		根	0.060	0.104	0.164	0.224
	铁砂布 0# ~2#		张	0.007	0.012	0.019	0.026
	电		kW·h	0.064	0.064	0.064	0.064
	水		m^3	0.002	0.003	0.004	0.005
	其他材料费		%	3.000	3.000	3.000	3.000

(2) 带箱热媒集配装置

工作内容：外观检查，箱体、固定支架、分集水器安装，箱体周边缝隙填堵，与分支管连接，水压试验。 **计量单位：组**

定额编号				2-167	2-168	2-169	2-170
项目				分支管(环路)			
				≤2	≤4	≤6	≤8
名称			单位	消耗量			
人工	合计工日		工日	0.252	0.399	0.476	0.592
	其中	普工	工日	0.063	0.100	0.119	0.148
		一般技工	工日	0.164	0.259	0.309	0.385
		高级技工	工日	0.025	0.040	0.048	0.059
材料	分集水器(带箱)		组	1.000	1.000	1.000	1.000
	金属膨胀螺栓 M6		套	4.120	4.120	4.120	4.120
	水泥砂浆 1:2.5		m^3	0.030	0.040	0.050	0.060
	冲击钻头 $\phi10$		个	0.048	0.048	0.048	0.048
	电		kW·h	0.064	0.064	0.064	0.064
	锯条(各种规格)		根	0.060	0.104	0.164	0.224
	铁砂布 0# ~2#		张	0.007	0.012	0.019	0.026
	水		m^3	0.002	0.003	0.004	0.005
	其他材料费		%	3.000	3.000	3.000	3.000

三、节能照明与电气

1. 节 能 照 明

工作内容：定位划线、开孔、安装盒体、连接处密封、做标记。 **计量单位**：个

定 额 编 号				2-171	2-172
项 目				智能家居控制箱(半周长)	
				≤700	>700
名 称			单位	消 耗 量	
人工	合计工日		工日	0.360	0.520
	其中	普工	工日	0.108	0.156
		一般技工	工日	0.198	0.286
		高级技工	工日	0.054	0.078
材料	智能家居控制箱		个	1.000	1.000
	铜芯塑料绝缘电线 BV－$16mm^2$		m	3.060	3.060
	铜端子 $16mm^2$		个	2.020	2.020
	其他材料费		%	1.800	1.800

工作内容：测位、划线、打眼、埋螺栓、安装固定面板、接线、调校。 **计量单位**：套

定 额 编 号				2-173
项 目				智能控制面板
名 称			单位	消 耗 量
人工	合计工日		工日	0.081
	其中	普工	工日	0.024
		一般技工	工日	0.041
		高级技工	工日	0.016
材料	智能控制面板		个	1.000
	半圆头镀锌螺栓 M(2～5)×(15～50)		10个	0.208
	铜芯塑料绝缘电线 BV－$2.5mm^2$		m	0.305
	其他材料费		%	1.800

工作内容:测位、划线、打眼、埋螺栓、装开关、接线、调校。　　　　计量单位:套

定额编号				2-174	2-175	2-176
项　目				红外感应开关	声控延时开关	按键延时开关
名　称			单位	消　耗　量		
人工	合计工日		工日	0.053	0.053	0.053
	其中	普工	工日	0.016	0.016	0.016
		一般技工	工日	0.032	0.032	0.032
		高级技工	工日	0.005	0.005	0.005
材料	红外感应开关		个	1.020	—	—
	声控延时开关（红外线感应）		个	—	1.020	—
	按键延时开关		个	—	—	1.020
	半圆头镀锌螺栓 M(2～5)×(15～50)		10个	0.208	0.208	0.208
	铜芯塑料绝缘电线 BV－2.5mm²		m	0.305	0.305	0.305
	其他材料费		%	1.800	1.800	1.800

工作内容:测定、划线、打眼、埋塑料膨胀管、灯具安装、接线、接焊包头、接地。　　**计量单位**:套

定额编号				2-177	2-178	2-179
项目				LED 红外、声光感应吸顶灯(半圆球)		
				灯罩周长(mm)		
				≤800	≤1100	>1100
名称			单位	消耗量		
人工	合计工日		工日	0.138	0.138	0.138
	其中	普工	工日	0.042	0.042	0.042
		一般技工	工日	0.083	0.083	0.083
		高级技工	工日	0.013	0.013	0.013
材料	成套灯具		套	1.010	1.010	1.010
	木螺钉 $d(2\sim4)\times(6\sim65)$		个	4.160	4.160	4.160
	塑料胀管 $\phi6\sim8$		个	4.400	4.400	4.400
	冲击钻头 $\phi6\sim8$		个	0.028	0.028	0.028
	铜芯塑料绝缘电线 BV $-2.5mm^2$		m	0.458	1.069	1.069
	铜接线端子 20A		个	1.015	1.015	1.015
	塑料接线柱　双线		个	—	—	1.030
	其他材料费		%	1.800	1.800	1.800

工作内容:测位、划线、打眼、埋塑料膨胀管、上塑料圆台(木台)、吊链、吊管加工、灯具组装、焊接包头等。　　**计量单位**:套

定额编号				2-180
项目				LED 感应灯(一体化支架)
				吸顶式
名称			单位	消耗量
人工	合计工日		工日	0.139
	其中	普工	工日	0.042
		一般技工	工日	0.084
		高级技工	工日	0.013
材料	成套灯具		套	1.010
	木螺钉 $d(2\sim4)\times(6\sim65)$		个	2.080
	塑料胀管 $\phi6\sim8$		个	2.200
	冲击钻头 $\phi6\sim8$		个	0.014
	铜芯塑料绝缘电线 BV $-2.5mm^2$		m	1.069
	铜接线端子 20A		个	1.015
	其他材料费		%	1.800

工作内容：开箱清点、测位划线、打眼、埋螺栓、灯具安装、接线、焊接包头。

定额编号				2-181	2-182
项　目				LED 灯带	
				灯管式	软灯带
				套	m
名　称			单位	消耗量	
人工	合计工日		工日	0.800	0.062
	其中	普工	工日	0.240	0.019
		一般技工	工日	0.480	0.034
		高级技工	工日	0.080	0.009
材料	成套灯具		套	1.010	—
	LED 灯带		m	—	1.010
	铜芯塑料绝缘电线 BV-2.5mm^2		m	0.610	0.061
	尼龙扎带(综合)		根	—	3.090
	其他材料费		%	2.000	1.800

2. 节能变压器和无功补偿装置

工作内容：开箱检查、本体就位、器身检查，套管、油枕及散热器清洗，油柱试验、风扇油泵电机检查接线、附件安装、垫铁制作与安装、补充注油及安装后整体密封试验、接地、补漆、单体调试。

计量单位：台

定额编号				2-183	2-184	2-185
项目				非晶合金变压器		
				容量(kV·A)		
				≤250	≤500	≤1000
名称			单位	消耗量		
人工		合计工日	工日	9.774	11.258	21.527
	其中	普工	工日	2.541	2.927	5.597
		一般技工	工日	5.376	6.192	11.840
		高级技工	工日	1.857	2.139	4.090
材料		镀锌铁丝 ϕ2.5～4.0	kg	1.000	1.000	1.000
		镀锌扁钢(综合)	kg	4.500	4.500	4.500
		聚乙烯薄膜 δ0.05	m^2	1.500	1.500	3.000
		白布	kg	0.450	0.450	0.540
		棉纱	kg	0.400	0.500	0.600
		低碳钢焊条(综合)	kg	0.300	0.300	0.300
		铁砂布 0#～2#	张	0.250	0.500	0.500
		酚醛磁漆	kg	0.200	0.200	0.200
		酚醛调和漆	kg	1.000	1.200	1.800
		防锈漆 C53－1	kg	0.600	0.900	1.300
		汽油(综合)	kg	0.300	0.400	0.600
		电力复合脂	kg	0.050	0.050	0.050
		氧气	m^3	—	—	0.800
		乙炔气	kg	—	—	0.340
		青壳纸 δ0.1～1.0	kg	0.150	0.150	0.200
		滤油纸 300×300	张	20.000	30.000	50.000
		白纱布带 20mm×20m	卷	1.000	1.500	1.500
		钢垫板 δ1～2	kg	5.000	5.000	6.000
		其他材料费	%	1.800	1.800	1.800
机械		汽车式起重机 8t	台班	0.561	0.598	0.542
		载重汽车 5t	台班	0.093	0.131	—
		载重汽车 8t	台班	—	—	0.150
		交流弧焊机 21kV·A	台班	0.280	0.280	0.280
		滤油机 LX100 型	台班	0.701	0.701	0.935
		绝缘油试验仪	台班	0.336	0.336	0.336
		高压绝缘电阻测试仪	台班	0.308	0.308	0.748
		变压器直流电阻测试仪	台班	0.926	0.926	2.244
		YDQ 充气式试验变压器	台班	0.308	0.308	0.748
		高压试验变压器配套操作箱、调压器	台班	0.616	0.616	1.496
		自动介损测试仪	台班	0.308	0.308	0.748
		TPFRC 电容分压器交直流高压测量系统	台班	0.308	0.308	0.748
		直流高压发生器	台班	0.308	0.308	0.748

工作内容：开箱检查、安装固定、接地。　　**计量单位：**台

定额编号				2-186
项　目				成套低压无功自动补偿装置安装
名　称			单位	消耗量
人工	合计工日		工日	1.505
	其中	普工	工日	0.387
		一般技工	工日	0.903
		高级技工	工日	0.215
材料	镀锌扁钢(综合)		kg	1.500
	平垫铁(综合)		kg	0.300
	低碳钢焊条(综合)		kg	0.150
	焊锡丝(综合)		kg	0.150
	自粘性塑料带 20mm×20m		卷	0.200
	塑料管(综合)		kg	0.300
	电力复合脂		kg	0.050
	棉纱		kg	0.100
	防锈漆 C53-1		kg	0.020
	酚醛调和漆		kg	0.050
	其他材料费		%	1.800
机械	载重汽车 4t		台班	0.055
	汽车式起重机 8t		台班	0.093
	交流弧焊机 21kV·A		台班	0.103

四、能量综合利用

1. 能量回收新风换气机

工作内容：开箱检查设备、附件、吊装、就位、找平、找正、加垫、螺栓固定，单机试运转。　**计量单位：**台

定额编号				2-187	2-188	2-189
项　目				吊顶式		
				重量(t)		
				≤0.15	≤0.2	≤0.4
名　称			单位	消耗量		
人工	合计工日		工日	1.387	1.502	1.629
	其中	普工	工日	0.624	0.676	0.733
		一般技工	工日	0.624	0.676	0.733
		高级技工	工日	0.139	0.150	0.163
材料	棉纱头		kg	0.500	0.500	0.500
	其他材料费		%	1.000	1.000	1.000
机械	电动单筒慢速卷扬机 10kN		台班	0.009	0.009	0.009
	汽车式起重机 8t		台班	0.021	0.021	0.021
	载重汽车 5t		台班	0.013	0.013	0.013

工作内容：开箱检查设备、附件、底座螺栓、就位、安装、找平、找正、加垫、灌浆、螺栓固定，单机试运转。

计量单位：台

定额编号				2-190	2-191	2-192	2-193
项目				落地式			
				重量(t)			
				≤0.6	≤1	≤1.5	≤2
名称			单位	消耗量			
人工	合计工日		工日	7.970	10.128	12.868	16.459
	其中	普工	工日	3.586	4.557	5.791	7.406
		一般技工	工日	3.587	4.558	5.790	7.407
		高级技工	工日	0.797	1.013	1.287	1.646
材料	棉纱头		kg	0.500	0.500	0.500	0.500
	其他材料费		%	1.000	1.000	1.000	1.000
机械	载重汽车 5t		台班	0.013	0.013	0.016	0.019
	汽车式起重机 8t		台班	0.031	0.031	0.039	0.047
	电动单筒慢速卷扬机 10kN		台班	0.020	0.020	—	—
	电动单筒慢速卷扬机 30kN		台班	—	—	0.060	0.060

工作内容：开箱检查设备、附件、吊装、就位、找平、找正、加垫、螺栓固定，单机试运转。

计量单位：台

定额编号				2-194	2-195	2-196	2-197
项目				墙上式			
				重量(t)			
				≤0.1	≤0.15	≤0.2	≤0.4
名称			单位	消耗量			
人工	合计工日		工日	1.470	1.539	1.641	2.284
	其中	普工	工日	0.661	0.692	0.738	1.028
		一般技工	工日	0.662	0.693	0.739	1.028
		高级技工	工日	0.147	0.154	0.164	0.228
材料	棉纱头		kg	0.500	0.500	0.500	0.500
	其他材料费		%	1.000	1.000	1.000	1.000
机械	载重汽车 5t		台班	—	0.009	0.009	0.009
	汽车式起重机 8t		台班	—	0.021	0.021	0.021
	电动单筒慢速卷扬机 10kN		台班	—	0.013	0.013	0.013

工作内容：开箱检查设备、附件、底座螺栓、吊装、找平、找正、加垫、螺栓固定。　　**计量单位**：100kg

定额编号			2-198
项目			分段组装式能量回收新风换气机安装
名称		单位	消耗量
人工	合计工日	工日	1.901
	其中 普工	工日	0.855
	一般技工	工日	0.856
	高级技工	工日	0.190

2. 蓄冷(蓄热)设备

(1)双工况制冷机组

工作内容：开箱检查设备、附件、吊装、就位、安装、找平、找正、固定、垫铁焊接、单机试运转。　　**计量单位**：台

定额编号			2-199	2-200	2-201	2-202	2-203	2-204
项目			双工况制冷机组					
			设备重量(t)					
			≤1	≤2	≤3	≤5	≤8	≤10
名称		单位	消耗量					
人工	合计工日	工日	12.650	19.845	23.800	36.929	53.893	63.210
	其中 普工	工日	2.530	3.969	4.760	7.386	10.779	12.642
	一般技工	工日	9.108	14.289	17.136	26.589	38.803	45.511
	高级技工	工日	1.012	1.587	1.904	2.954	4.311	5.057
材料	钢板 δ4.5~10	kg	2.000	2.000	3.000	4.000	6.000	6.000
	低碳钢焊条 J422 φ4.0	kg	0.200	0.200	0.200	0.250	0.300	0.300
	氧气	m^3	0.300	0.360	0.420	0.600	0.750	0.900
	乙炔气	kg	0.100	0.120	0.140	0.200	0.250	0.300
	镀锌铁丝 φ2.8~4.0	kg	0.300	0.300	0.300	0.300	0.300	0.300
	煤油	kg	1.000	1.500	1.500	2.000	2.000	2.500
	机油	kg	0.300	0.400	0.600	0.700	0.800	1.000
	黄油	kg	0.200	0.250	0.300	0.350	0.400	0.500
	其他材料费	%	5.000	5.000	5.000	5.000	5.000	5.000
机械	交流弧焊机 21kV·A	台班	0.100	0.100	0.150	0.200	0.250	0.250
	汽车式起重机 8t	台班	0.050	0.070	0.110	0.180	—	—
	汽车式起重机 16t	台班	—	—	—	—	0.500	0.700

(2)整体式蓄冰槽(罐)

工作内容:施工准备,基础处理、垫铁设置、吊装就位、安装找正、垫铁点焊、配合检查验收。

计量单位:台

定额编号			2-205	2-206	2-207	2-208
项目			整体式蓄冰槽(罐)			
			设备重量(t)			
			≤2	≤5	≤10	≤15
名称		单位	消耗量			
人工	合计工日	工日	7.123	13.481	18.131	23.197
人工	其中 普工	工日	2.849	5.393	7.253	9.279
人工	其中 一般技工	工日	2.849	5.392	7.252	9.279
人工	其中 高级技工	工日	1.425	2.696	3.626	4.639
材料	镀锌铁丝(综合)	kg	1.000	1.000	2.000	3.000
材料	乙炔气	kg	0.110	0.157	0.523	0.797
材料	氧气	m^3	0.330	0.471	1.570	2.390
材料	低碳钢焊条 J427	kg	1.710	2.150	2.770	3.090
材料	平垫铁(综合)	kg	8.600	13.650	25.930	43.220
材料	斜垫铁(综合)	kg	13.020	21.000	39.900	66.500
材料	黄油	kg	0.180	0.250	0.300	0.400
材料	二硫化钼	kg	0.080	0.100	0.200	0.230
材料	道木	m^3	0.060	0.110	0.150	0.210
材料	尼龙砂轮片 ϕ150	片	0.400	0.500	1.000	1.130
材料	其他材料费	%	3.000	3.000	3.000	3.000
机械	汽车式起重机 16t	台班	0.466	0.680	0.335	—
机械	汽车式起重机 25t	台班	—	—	0.428	0.345
机械	汽车式起重机 40t	台班	—	—	—	0.606
机械	载重汽车 5t	台班	0.186	0.317	—	—
机械	载重汽车 10t	台班	—	—	0.335	—
机械	载重汽车 15t	台班	—	—	—	0.345
机械	直流弧焊机 20kV·A	台班	0.521	0.763	0.987	1.136
机械	电焊条烘干箱 80×80×100(cm)	台班	0.052	0.076	0.099	0.114
机械	电焊条恒温箱	台班	0.052	0.076	0.099	0.114

(3)水蓄冷蓄热罐制作安装

工作内容:散板堆放、放样号料、切割、坡口、卷弧、煨制、吊装、组对焊接、打磨,试漏。　　**计量单位:**t

定额编号				2-209	2-210	2-211	2-212	2-213	2-214
项目				水蓄冷蓄热罐					
				储罐容量(m^3)					
				≤1000	≤2000	≤3000	≤5000	≤10000	≤20000
名称			单位	消耗量					
人工	合计工日		工日	9.669	8.076	7.141	6.153	5.254	4.324
	其中	普工	工日	2.901	2.423	2.142	1.846	1.576	1.297
		一般技工	工日	3.868	3.230	2.857	2.461	2.102	1.730
		高级技工	工日	2.900	2.423	2.142	1.846	1.576	1.297
材料	低碳钢焊条 J427		kg	15.620	16.856	16.755	16.625	12.051	11.536
	氧气		m^3	5.449	5.188	5.106	4.990	4.586	4.040
	乙炔气		kg	1.816	1.729	1.702	1.663	1.627	1.340
	尼龙砂轮片 $\phi150$		片	4.284	3.820	3.820	3.715	3.700	3.500
	木方		m^3	0.014	0.014	0.014	0.012	0.012	0.013
	煤油		kg	1.197	1.074	0.893	0.817	0.551	0.432
	白垩		kg	0.979	0.855	0.713	0.656	0.447	0.400
	碳精棒 $\phi8\sim12$		根	11.590	10.260	9.405	8.265	7.125	5.807
	低碳钢焊条　结507 $\phi3.2$		kg	—	—	—	—	6.443	5.277
	其他材料费		%	8.000	8.000	8.000	8.000	8.000	8.000
机械	直流弧焊机 32kV·A		台班	3.894	3.608	3.363	2.654	2.499	2.304
	电焊条烘干箱 75×105×135(cm)		台班	0.389	0.361	0.337	0.265	0.250	0.231
	电焊条恒温箱		台班	0.389	0.361	0.337	0.265	0.250	0.231
	半自动切割机 100mm		台班	0.162	0.164	0.129	0.129	0.129	0.129
	剪板机 20×2500(mm)		台班	0.019	0.007	0.007	0.007	0.007	0.007
	卷板机 30×2000(mm)		台班	0.038	0.038	0.038	0.029	0.019	0.019
	汽车式起重机 16t		台班	0.647	0.578	0.538	0.396	0.345	0.276
	汽车式起重机 25t		台班	—	—	—	—	—	0.048
	载重汽车 10t		台班	0.219	0.219	0.219	0.209	0.209	0.209
	真空泵 204m^3/h		台班	0.057	0.054	0.050	0.043	0.036	0.324
	电动空气压缩机 6m^3/min		台班	0.524	0.495	0.447	0.400	0.333	0.248
	轴流通风机 30kW		台班	0.409	0.381	0.352	0.305	0.286	0.190

(4)乙二醇泵

工作内容:基础验收、开箱检查、设备及附件就位、本体安装、单机试运转。　　**计量单位:**台

定额编号				2-215	2-216	2-217	2-218
项目				乙二醇泵			
				设备重量(t)			
				≤0.2	≤0.5	≤1.0	≤3.0
名称			单位	消耗量			
人工	合计工日		工日	4.389	6.105	9.924	19.200
	其中	普工	工日	0.878	1.221	1.985	3.840
		一般技工	工日	2.633	3.663	5.954	11.520
		高级技工	工日	0.878	1.221	1.985	3.840
材料	平垫铁(综合)		kg	4.500	4.500	5.625	8.460
	斜垫铁(综合)		kg	4.464	4.464	5.580	7.500
	热轧薄钢板 δ1.6～1.9		kg	0.200	0.300	0.400	0.450
	木板		m^3	0.003	0.006	0.009	0.019
	煤油		kg	0.560	0.788	0.945	1.890
	机油		kg	0.410	0.606	0.859	1.364
	黄油钙基脂		kg	0.150	0.202	0.556	0.909
	氧气		m^3	0.133	0.204	0.204	0.408
	乙炔气		kg	0.045	0.068	0.068	0.136
	砂纸		张	2.000	2.000	4.000	5.000
	紫铜板(综合)		kg	0.050	0.060	0.150	0.200
	金属滤网		m^2	0.063	0.065	0.068	0.070
	石棉板衬垫		kg	0.125	0.130	0.135	0.140
	低碳钢焊条 J422(综合)		kg	0.100	0.126	0.189	0.357
	其他材料费		%	3.000	3.000	3.000	3.000
机械	叉式起重机 5t		台班	0.100	0.100	0.200	0.400
	交流弧焊机 21kV·A		台班	0.100	0.100	0.100	0.300

(5)换 热 器

工作内容:施工准备,基础处理、垫铁设置、吊装就位、安装找正、垫铁点焊、配合检查验收。

计量单位:台

定额编号				2-219	2-220	2-221	2-222	2-223
项目				换热器				
				设备重量(t)				
				≤0.5	≤1	≤2	≤5	≤10
名称			单位	消耗量				
人工	合计工日		工日	2.470	4.115	6.860	13.260	20.936
	其中	普工	工日	0.988	1.646	2.744	5.304	8.375
		一般技工	工日	0.988	1.646	2.744	5.304	8.374
		高级技工	工日	0.494	0.823	1.372	2.652	4.187
材料	镀锌铁丝(综合)		kg	2.160	3.600	6.000	12.000	16.000
	乙炔气		kg	0.029	0.048	0.080	0.190	0.220
	氧气		m^3	0.086	0.144	0.240	0.570	0.660
	低碳钢焊条 J427		kg	0.310	0.516	0.860	1.650	2.500
	平垫铁(综合)		kg	4.385	7.308	12.180	14.154	24.283
	斜垫铁(综合)		kg	10.234	17.056	28.427	33.033	56.658
	黄油		kg	0.018	0.030	0.050	0.120	0.350
	二硫化钼		kg	0.115	0.192	0.320	0.570	1.000
	道木		m^3	0.032	0.054	0.090	0.120	0.180
	尼龙砂轮片 ϕ150		片	0.058	0.096	0.160	0.290	0.380
	其他材料费		%	3.000	3.000	3.000	3.000	3.000
机械	汽车式起重机 16t		台班	—	—	0.466	0.596	0.335
	汽车式起重机 25t		台班	—	—	—	—	0.410
	载重汽车 5t		台班	0.186	0.186	0.186	0.279	—
	载重汽车 8t		台班	—	—	—	—	0.335
	直流弧焊机 20kV·A		台班	0.475	0.475	0.475	0.875	1.341
	电焊条烘干箱 80×80×100(cm)		台班	0.048	0.048	0.048	0.087	0.134
	电焊条恒温箱		台班	0.048	0.048	0.048	0.087	0.134
	汽车式起重机 8t		台班	0.280	0.466	—	—	—

(6)蓄冰盘管

工作内容：施工准备、基础处理、垫铁设置、吊装就位、安装找正、垫铁点焊、配合检查验收。

计量单位：组

定额编号				2-224	2-225
项目				整装式蓄冰盘管	
				设备重量(t)	
				≤2	≤5
名称			单位	消耗量	
人工	合计工日		工日	6.860	13.260
	其中	普工	工日	2.744	5.304
		一般技工	工日	2.744	5.304
		高级技工	工日	1.372	2.652
材料	镀锌铁丝(综合)		kg	6.000	12.000
	低碳钢焊条 J427		kg	0.860	1.650
	乙炔气		kg	0.080	0.190
	氧气		m^3	0.240	0.570
	平垫铁(综合)		kg	12.180	14.154
	斜垫铁(综合)		kg	28.427	33.033
	黄油		kg	0.050	0.120
	二硫化钼		kg	0.320	0.570
	道木		m^3	0.090	0.120
	尼龙砂轮片 ϕ150		片	0.160	0.290
	其他材料费		%	3.000	3.000
机械	汽车式起重机 16t		台班	0.466	0.596
	载重汽车 5t		台班	0.186	0.279
	直流弧焊机 20kV·A		台班	0.475	0.875
	电焊条烘干箱 80×80×100(cm)		台班	0.048	0.087
	电焊条恒温箱		台班	0.048	0.087

3.光伏发电

(1)太阳能电池板钢架

工作内容:开箱检查、清洁搬运、起吊安装组件,调整方位和俯视角,测试,记录,钢架简易基础砌筑、钢架固定等。

计量单位:m^2

定额编号				2-226	2-227	2-228
项目				太阳能电池板钢架安装		
				在地面上	在墙面、屋面上	在支架、支柱上
名称			单位	消耗量		
人工	合计工日		工日	0.302	0.602	0.481
	其中	普工	工日	0.078	0.155	0.124
		一般技工	工日	0.181	0.361	0.289
		高级技工	工日	0.043	0.086	0.068
材料	白布		kg	0.030	0.030	0.040
	低碳钢焊条(综合)		kg	0.320	0.320	0.410
	钢锯条		条	0.210	0.210	0.180
	水泥(综合)		kg	0.505	0.505	—
	砂子		m^3	0.001	0.001	—
	标准砖 240×115×53		块	4.200	2.100	—
	调和漆		kg	0.060	0.050	0.060
	防锈漆		kg	0.090	0.080	0.090
	油漆溶剂油		kg	0.030	0.030	0.040
	水		m^3	0.001	0.001	—
	其他材料费		%	2.000	2.000	2.000
机械	电动单筒慢速卷扬机 30kN		台班	0.100	0.200	—
	汽车式高空作业车 21m		台班	—	—	0.105
	交流弧焊机 21kV·A		台班	0.050	0.050	0.070

注:钢架主材按实计算。

(2)太阳能电池板

工作内容:开箱检验、清洁搬运、起吊安装组件、调整方位和俯仰角、测试、记录,安装接线盒,组件与接线盒电路连接,子方阵与接线盒电路连接、太阳能电池与控制屏联测等。

计量单位:组

定额编号				2-229	2-230	2-231	2-232
项目				太阳能电池组装、安装			
				500Wp	1000Wp	1500Wp	1500Wp 以上每增加 500Wp
名称			单位	消耗量			
人工	合计工日		工日	3.009	3.912	4.965	1.505
	其中	普工	工日	0.775	1.008	1.278	0.387
		一般技工	工日	1.805	2.347	2.979	0.903
		高级技工	工日	0.429	0.557	0.708	0.215
材料	太阳能电池板		组	1.000	1.000	1.000	1.000
	白布		kg	0.200	0.400	0.600	0.200
	电气绝缘胶带 18mm×10m×0.13mm		卷	0.200	0.200	0.250	0.100
	铜芯橡皮绝缘电线 BX-2.5mm²		m	0.220	0.300	0.400	0.200
	其他材料费		%	1.800	1.800	1.800	1.800
机械	汽车式高空作业车 21m		台班	0.040	0.040	0.050	0.030
	手持式万用表		台班	0.050	0.050	0.060	0.040
	高压绝缘电阻测试仪		台班	0.100	0.100	0.150	0.100

(3)太阳能电池与控制屏联测

工作内容:开箱检验、清洁搬运、起吊安装组件、调整方位和俯仰角、测试、记录,安装接线盒,组件与接线盒电路连接,子方阵与接线盒电路连接、太阳能电池与控制屏联测等。

计量单位:方阵组

定额编号				2-233
项目				太阳能电池与控制屏联测
名称			单位	消耗量
人工	合计工日		工日	1.505
	其中	普工	工日	0.387
		一般技工	工日	0.903
		高级技工	工日	0.215
材料	白布		kg	0.100
	铜芯橡皮绝缘电线 BX-2.5mm²		m	0.500
	电气绝缘胶带 18mm×10m×0.13mm		卷	0.100
	其他材料费		%	2.000
机械	高压绝缘电阻测试仪		台班	0.500
	手持式万用表		台班	0.080
	汽车式高空作业车 21m		台班	0.050
	微机继电保护测试仪		台班	0.300
	笔记本电脑		台班	0.500

(4)光伏逆变器

工作内容:开箱检查、清洁搬运,安装底座,设备安装,接地,单体调试等。　　**计量单位:**台

定额编号				2-234	2-235	2-236	2-237	2-238
项目				额定交流输出功率				
				功率≤10kW	功率≤100kW	功率≤250kW	功率≤500kW	功率≤1000kW
名称			单位	消耗量				
人工	合计工日		工日	3.820	5.548	9.778	12.218	21.104
	其中	普工	工日	0.993	1.442	2.542	3.177	5.487
		一般技工	工日	2.101	3.052	5.378	6.720	11.607
		高级技工	工日	0.726	1.054	1.858	2.321	4.010
材料	型钢(综合)		kg	24.700	28.600	34.100	42.900	74.100
	镀锌扁钢(综合)		kg	3.040	3.520	5.500	11.000	19.000
	棉纱		kg	0.095	0.110	0.330	0.440	0.760
	低碳钢焊条(综合)		kg	0.285	0.330	1.430	2.200	3.800
	钢锯条		条	0.950	1.100	2.200	2.200	3.800
	焊锡膏		kg	0.019	0.044	0.088	0.110	0.190
	焊锡丝(综合)		kg	0.095	0.220	0.440	0.550	0.950
	铁砂布 0#~2#		张	0.950	2.200	4.400	6.600	11.400
	酚醛调和漆		kg	0.190	0.220	0.330	0.550	0.950
	防锈漆 C53-1		kg	0.190	0.220	0.330	0.550	0.950
	汽油(综合)		kg	0.190	0.220	0.550	0.550	0.950
	机油		kg	0.095	0.110	0.110	0.110	0.190
	电力复合脂		kg	0.048	0.088	0.132	0.165	0.285
	钢管 *D*32		kg	4.560	5.280	6.930	6.930	11.970
	钢垫板 δ1~2		kg	0.950	1.100	4.400	4.730	8.170
	其他材料费		%	1.800	1.800	1.800	1.800	1.800
机械	交流变压器		台	0.240	0.278	0.278	0.278	0.479
	汽车式起重机 8t		台班	—	—	0.062	0.103	0.178
	载重汽车 5t		台班	—	—	0.062	0.103	0.178
	交流弧焊机 21kV·A		台班	0.222	0.257	0.822	1.028	1.776
	高压绝缘电阻测试仪		台班	0.479	0.555	0.555	0.555	0.959
	高压试验变压器配套操作箱、调压器		台班	0.240	0.278	0.278	0.278	0.479
	TPFRC 电容分压器交直流高压测量系统		台班	0.240	0.278	0.278	0.278	0.479

(5)太阳能控制器

工作内容:开箱检查、清洁搬运,设备安装,测试,记录,接地,单体调试等。 **计量单位**:台

定额编号			2-239	2-240	2-241	2-242
项目			太阳能控制器安装		环境测量装置	数据采集仪
			电压等级(V)			
			≤96	≤110		
名称		单位	消耗量			
人工	合计工日	工日	0.554	0.814	11.498	1.857
	其中 普工	工日	0.144	0.212	0.575	0.093
	其中 一般技工	工日	0.305	0.447	9.198	1.578
	其中 高级技工	工日	0.105	0.155	1.725	0.186
材料	环境测量装置	套	—	—	1.000	—
	数据采集仪	台	—	—	—	1.000
	六角螺栓 M(6~8)×(20~70)	套	—	—	16.000	—
	细白布 宽900	m	—	—	0.400	—
	清洁布 250×250	块	—	—	0.400	—
	位号牌	个	—	—	5.000	—
	铜芯塑料绝缘电线 BV-1.5mm²	m	—	—	—	1.000
	酒精	kg	—	—	—	0.300
	镀锌扁钢(综合)	kg	1.650	2.420	—	—
	棉纱	kg	0.038	0.055	—	—
	低碳钢焊条(综合)	kg	0.113	0.165	—	—
	钢锯条	条	0.375	0.550	—	—
	焊锡膏	kg	0.023	0.033	—	—
	焊锡丝(综合)	kg	0.113	0.165	—	—
	铁砂布 0#~2#	张	0.150	0.220	—	—
	酚醛调和漆	kg	0.075	0.110	—	—
	防锈漆 C53-1	kg	0.075	0.110	—	—
	汽油(综合)	kg	0.038	0.055	—	—
	电力复合脂	kg	0.045	0.066	—	—
	钢垫板 δ1~2	kg	0.225	0.330	—	—
	电	kW·h	—	—	2.000	—
	其他材料费	%	1.800	1.800	5.000	5.000
机械	交流变压器	台	0.114	0.167	—	—
	交流弧焊机 21kV·A	台班	0.105	0.154	—	—
	高压绝缘电阻测试仪	台班	0.227	0.333	—	—
	高压试验变压器配套操作箱、调压器	台班	0.114	0.167	—	—
	TPFRC 电容分压器交直流高压测量系统	台班	0.114	0.167	—	—
	铭牌打印机	台班	—	—	0.060	—
	多功能信号校验仪	台班	—	—	0.538	0.849
	手持式万用表	台班	—	—	0.922	0.991
	数字电压表	台班	—	—	0.768	0.515
	兆欧表	台班	—	—	0.030	—
	对讲机(一对)	台班	—	—	0.768	0.166
	电动综合校验台	台班	—	—	—	0.138
	精密交直流稳压电源	台班	—	—	—	0.138

4. 太阳能路灯

工作内容：开箱清点，检查，测位划线，打眼埋螺栓，灯具拼装，起吊安装组件，灯体安装，太阳能电池板固定、调整方位角度，蓄电池就位固定、护罩安装、标示标号，控制器安装，组件电路连接、接线，接地，接焊线包头，测试、记录。　**计量单位**：10套

定额编号				2-243	2-244
项目				太阳能路灯	
				灯柱(m)	
				≤8	≤10
名称			单位	消耗量	
人工	合计工日		工日	48.195	50.031
	其中	普工	工日	14.459	15.009
		一般技工	工日	26.507	27.517
		高级技工	工日	7.229	7.505
材料	成套灯具		套	10.100	10.100
	冲击钻头 $\phi16$		个	0.300	0.300
	醇酸防锈漆 C53－1		kg	0.750	0.750
	瓷接头（双）		个	10.300	10.300
	地脚螺栓 M12×120		套	40.800	40.800
	电力复合脂		kg	0.600	0.700
	镀锌扁钢（综合）		kg	16.500	16.500
	酚醛调和漆（各种颜色）		kg	0.750	0.750
	钢板垫板		kg	2.250	2.250
	焊锡膏		kg	0.230	0.230
	焊锡丝（综合）		kg	1.130	1.130
	膨胀螺栓 M14		套	20.000	20.500
	汽油 90#		kg	0.380	0.380
	塑料带 20mm×40m		卷	0.039	0.034
	塑料胶布带 20mm×10m		卷	2.000	2.000
	低碳钢焊条（综合）		kg	1.130	1.130
	铜芯橡皮绝缘电线 BX－2.5mm^2		m	2.200	2.200
	其他材料费		%	3.000	2.000
机械	交流弧焊机 21kV·A		台班	1.050	1.050
	汽车式高空作业车 21m		台班	2.385	2.385
	汽车式起重机 8t		台班	1.960	1.960
	手持式万用表		台班	0.600	0.600
	载重汽车 5t		台班	0.840	0.840

工作内容：开箱清点，检查，测位划线，打眼埋螺栓，灯具拼装，起吊安装组件，灯体安装，风力发电机安装，太阳能电池板固定、调整方位角度，蓄电池就位固定、护罩安装、标示标号，控制器安装，组件电路连接、接线，接地，接焊线包头，测试、记录。

计量单位：10 套

定额编号				2-245	2-246	2-247	2-248
项目				风光互补太阳能路灯		太阳能庭院路灯	
				灯柱(m)			
				≤8	≤10	≤3	≤5
名称			单位	消耗量			
人工	合计工日		工日	55.855	57.691	20.760	21.800
	其中	普工	工日	16.757	17.307	6.228	6.540
		一般技工	工日	30.720	31.730	11.418	11.990
		高级技工	工日	8.378	8.654	3.114	3.270
材料	成套灯具		套	10.100	10.100	10.100	10.100
	冲击钻头 φ16		个	0.300	0.250	0.250	0.250
	醇酸防锈漆 C53 - 1		kg	0.750	0.300	0.750	0.750
	瓷接头（双）		个	10.300	10.300	10.300	10.300
	地脚螺栓 M12 × 120		套	40.800	40.800	40.800	40.800
	电力复合脂		kg	1.100	1.200	0.580	0.580
	镀锌扁钢(综合)		kg	16.500	16.500	16.500	16.500
	酚醛调和漆(各种颜色)		kg	0.750	0.750	0.750	0.750
	钢板垫板		kg	2.250	2.250	2.250	2.250
	焊锡膏		kg	0.230	0.230	0.230	0.230
	焊锡丝(综合)		kg	1.130	1.130	1.130	1.130
	膨胀螺栓 M14		套	20.000	20.500	17.900	17.900
	汽油 90#		kg	0.380	0.380	0.380	0.380
	塑料带 20mm × 40m		卷	0.039	0.034	0.034	0.034
	塑料胶布带 20mm × 10m		卷	2.000	2.000	2.000	2.000
	低碳钢焊条(综合)		kg	1.130	1.130	1.130	1.130
	铜芯橡皮绝缘电线 BX - 2.5mm^2		m	2.200	2.200	2.200	2.200
	其他材料费		%	1.800	1.800	1.800	1.800
机械	交流弧焊机 21kV·A		台班	1.330	1.330	0.560	0.560
	汽车式高空作业车 21m		台班	2.385	2.385	0.470	0.470
	汽车式起重机 8t		台班	1.960	1.960	0.330	0.520
	手持式万用表		台班	0.600	0.600	0.600	0.600
	载重汽车 5t		台班	0.840	0.840	0.050	0.050

工作内容：开箱清点，测位划线，打眼埋螺栓，支架安装，灯具拼装固定，接焊线包头。　**计量单位：**10套

定额编号				2-249	2-250
项目				太阳能草坪灯	
				立柱式	嵌入式
名称			单位	消耗量	
人工	合计工日		工日	3.131	2.840
	其中	普工	工日	0.939	0.852
		一般技工	工日	1.722	1.562
		高级技工	工日	0.470	0.426
材料	成套灯具		套	10.100	10.100
	冲击钻头 $\phi16$		个	0.330	0.280
	瓷接头（双）		个	10.300	10.300
	镀锌膨胀螺栓 M6		套	61.200	40.800
	铜芯塑料绝缘电线 BV－2.5mm^2		m	19.850	19.850
	铜接线端子 DT－2.5		个	10.150	10.150
	其他材料费		%	1.800	1.800

5. 太阳能集热装置

(1)太阳能集热器

工作内容:定位,预埋件设置,混凝土基础,支架制作安装,刷补油漆,集热器安装,与进出水管链接,通水试验。

计量单位:m^2

定额编号				2-251	2-252	2-253	2-254
项目				真空玻璃太阳能集热器	平板式太阳能集热器	真空玻璃太阳能集热器	平板式太阳能集热器
				单层布设		层叠布设	
名称			单位	消耗量			
人工	合计工日		工日	3.464	2.957	4.080	3.573
	其中	普工	工日	0.967	0.839	1.156	1.028
		一般技工	工日	2.163	1.809	2.502	2.148
		高级技工	工日	0.334	0.309	0.422	0.397
材料	镀锌等边角钢 50		kg	17.870	17.870	26.443	26.443
	HPB300 $\phi8$		kg	0.720	0.720	0.540	0.540
	预拌混凝土 C20		m^3	0.011	0.011	0.086	0.086
	热轧厚钢板 $\delta8$		kg	3.014	3.014	2.261	2.261
	膨胀螺栓 M12		个	4.571	4.571	3.429	3.429
	镀锌六角螺栓带螺母 M12×(60~65)		套	16.000	16.000	15.143	15.143
	六角螺栓带螺母 M12×50		套	2.403	2.403	2.403	2.403
	砂轮片 $\phi400$		片	0.033	0.033	0.044	0.044
	低碳钢焊条(综合)		kg	0.992	1.071	1.237	1.316
	铁砂布 0#~2#		张	0.540	0.540	0.731	0.731
	胶木板		kg	0.081	0.081	0.109	0.109
	钢锯条		条	0.216	0.216	0.292	0.292
	酚醛防锈漆(各种颜色)		kg	0.007	0.007	0.010	0.010
	酚醛调和漆(各种颜色)		kg	0.005	0.005	0.006	0.006
	溶剂汽油		kg	0.002	0.002	0.003	0.003
	机油		kg	0.011	0.006	0.011	0.006
	氧气		m^3	0.090	0.090	0.090	0.090
	乙炔气		kg	0.030	0.030	0.030	0.030
	镀锌活接头 *DN*32		个	0.295	0.147	0.295	0.147
	其他材料费		%	3.000	3.000	3.000	3.000
机械	汽车式起重机 16t		台班	0.083	—	0.083	—
	交流弧焊机 21kV·A		台班	0.401	0.431	0.501	0.531
	载重汽车 5t		台班	0.084	0.074	0.084	0.074

工作内容：定位，预埋件设置，支架制作安装，刷补油漆，集热器安装。　　计量单位：m^2

定额编号				2-255	2-256
项目				平板式集热器	
				外墙斜挂	外墙垂挂式
名称			单位	消耗量	
人工	合计工日		工日	2.009	1.513
	其中	普工	工日	0.547	0.395
		一般技工	工日	1.288	1.015
		高级技工	工日	0.174	0.103
材料	镀锌角钢(综合)		kg	6.153	0.236
	热轧厚钢板 δ8		kg	—	1.844
	镀锌槽钢 10#		kg	0.615	0.615
	HPB300 φ8		kg	1.229	1.229
	膨胀螺栓 M10×80		套	1.951	1.951
	镀锌六角螺栓带螺母 M12×(60~65)		套	5.854	—
	六角螺栓带螺母 M12×50		套	2.403	2.403
	砂轮片 φ400		片	0.015	0.006
	低碳钢焊条(综合)		kg	0.695	0.498
	铁砂布 0#~2#		张	0.246	0.092
	胶木板		kg	0.037	0.014
	钢锯条		条	0.098	0.037
	酚醛防锈漆(各种颜色)		kg	0.003	0.001
	酚醛调和漆(各种颜色)		kg	0.002	0.001
	溶剂汽油		kg	1.190	1.193
	机油		kg	0.006	0.006
	氧气		m^3	0.090	0.090
	乙炔气		kg	0.030	0.030
	镀锌活接头 *DN*32		个	0.147	0.147
	其他材料费		%	3.000	3.000
机械	交流弧焊机 21kV·A		台班	0.276	0.276
	载重汽车 5t		台班	0.074	0.074

(2)集中式太阳能热水系统调试

工作内容:充水,检查,调试,试运行。 **计量单位:**系统

定额编号			2-257
项目			太阳能加热水箱
			水重量(10t)
名称		单位	消耗量
人工	合计工日	工日	5.074
	其中 普工	工日	0.254
	其中 一般技工	工日	4.313
	其中 高级技工	工日	0.507
机械	数字电压表	台班	0.294
	手持式万用表	台班	0.502
	对讲机(一对)	台班	0.282

注:太阳能加热水箱 20t 以内按定额乘以系数 1.4,30t 以内按定额乘以系数 1.7。未计价主材为充水所用水量,水量按实计算。

6. 地(水、气)源热泵机组

(1)地源(水源、气源)热泵机组

工作内容:基础验收、开箱检查、设备及附件就位、固定、垫铁焊接、单机试运转。 **计量单位:**组

定额编号				2-258	2-259	2-260	2-261
项目				设备重量(t)			
				≤1	≤3	≤5	≤8
名称			单位	消耗量			
人工	合计工日		工日	9.500	18.380	29.190	42.530
	其中	普工	工日	2.375	4.595	7.297	10.632
		一般技工	工日	6.650	12.866	20.433	29.771
		高级技工	工日	0.475	0.919	1.460	2.127
材料	平垫铁(综合)		kg	5.080	8.130	12.260	15.490
	斜垫铁(综合)		kg	5.100	8.160	12.610	16.050
	低碳钢焊条 J422 ϕ3.2		kg	0.410	0.720	0.800	1.050
	板枋材		m^3	0.009	0.016	0.030	0.035
	道木		m^3	0.010	0.030	0.040	0.062
	煤油		kg	1.730	3.150	4.180	5.880
	机油		kg	0.980	1.480	1.970	2.803
	汽油(综合)		kg	0.153	0.408	0.550	0.920
	黄干油 钙基酯		kg	0.410	0.720	1.000	1.870
	氧气		m^3	0.360	0.690	0.810	1.530
	乙炔气		kg	0.120	0.230	0.270	0.510
	石棉橡胶板 δ3~6		kg	1.860	4.615	6.000	9.000
	镀锌铁丝 ϕ2.8~4.0		kg	1.600	2.000	2.500	4.800
	其他材料费		%	3.000	3.000	3.000	3.000
机械	载重汽车 5t		台班	0.400	0.440	0.500	0.600
	吊装机械(综合)		台班	0.171	0.423	0.550	0.825
	直流弧焊机 32kV·A		台班	0.158	0.278	0.309	0.406

工作内容:基础验收、开箱检查、设备及附件就位、固定、垫铁焊接、单机试运转。 **计量单位:**组

定额编号				2-262	2-263	2-264
项目				设备重量(t)		
				≤10	≤15	≤20
名称			单位	消耗量		
人工	合计工日		工日	48.030	60.010	74.978
	其中	普工	工日	12.007	15.002	18.744
		一般技工	工日	33.621	42.007	52.485
		高级技工	工日	2.402	3.001	3.749
材料	平垫铁(综合)		kg	31.500	47.250	70.875
	斜垫铁(综合)		kg	25.470	45.710	82.034
	低碳钢焊条 J422 ϕ3.2		kg	1.680	2.100	2.625
	板枋材		m^3	0.038	0.044	0.050
	道木		m^3	0.070	0.077	0.085
	煤油		kg	10.500	15.750	23.625
	机油		kg	3.030	3.540	4.136
	汽油(综合)		kg	3.060	4.570	6.825
	黄干油 钙基酯		kg	2.020	2.220	2.440
	氧气		m^3	6.120	9.180	13.770
	乙炔气		kg	2.040	3.060	4.590
	石棉橡胶板 δ3～6		kg	12.000	15.000	18.750
	镀锌铁丝 ϕ2.8～4.0		kg	7.500	9.800	12.805
	其他材料费		%	3.000	3.000	3.000
机械	载重汽车 5t		台班	0.830	1.080	1.405
	吊装机械(综合)		台班	1.075	1.425	1.889
	直流弧焊机 32kV·A		台班	0.649	0.811	1.013

(2)地　埋　管

工作内容:放线定位,竖立钻机,钻机定位,安装钻机头、钻机提升装置和钻头充水(泥浆)等附属装置,钻孔定位,钻孔,泥浆循环排渣,成孔,退出钻杆,清理废土和岩石,机位移动。

计量单位:10m

定额编号				2-265	2-266	2-267	2-268
项目				垂直地埋管成孔	垂直地埋管成孔	入岩增加	
				公称外径160mm以内	公称外径200mm以内	公称外径160mm以内	公称外径200mm以内
				有效深度100m内			
名称			单位	消耗量			
人工	合计工日		工日	0.188	0.216	0.465	0.534
	其中	普工	工日	0.056	0.065	0.138	0.161
		一般技工	工日	0.113	0.129	0.280	0.319
		高级技工	工日	0.019	0.022	0.047	0.054
机械	地源热泵钻机(RP-150)		台班	0.375	0.500	2.047	2.729

工作内容:回填料制作,机械回填。

计量单位:10m

定额编号				2-269	2-270
项目				垂直地埋管管孔回填	
				公称外径160mm以内	公称外径200mm以内
				有效深度100m内	
名称			单位	消耗量	
人工	合计工日		工日	0.016	0.016
	其中	普工	工日	0.005	0.005
		一般技工	工日	0.009	0.009
		高级技工	工日	0.002	0.002
材料	复合硅酸盐水泥		kg	20.000	30.000
	黄砂 毛砂		t	0.005	0.008
	膨润土200目		kg	5.000	7.500
机械	泥浆泵50mm		台班	0.006	0.012

工作内容：管道U形热熔弯焊，管道试压，管道稳压机械下井，安装就位，二次试压。 **计量单位**：10m

定额编号				2-271	2-272
项目				垂直地埋塑料管热熔安装	
				公称外径 32mm 以内	公称外径 25mm 以内
				单U管	双U管
名称			单位	消耗量	
人工	合计工日		工日	0.424	0.382
	其中	普工	工日	0.106	0.100
		一般技工	工日	0.275	0.248
		高级技工	工日	0.043	0.034
材料	塑料管 *DN*32 以内		m	10.200	—
	塑料管 *DN*25 以内		m	—	10.200
	塑料热熔 90°弯头 *DN*32 以内		个	0.126	—
	塑料管热熔 U 形弯头 *DN*25 以内		个	—	0.063
	塑料管热熔 U 形弯头 *DN*32 以内		个	0.063	—
	塑料管卡 FCL32		个	2.100	—
	水		m^3	0.023	0.023
	其他材料费		%	3.000	3.000
机械	地源热泵下管机		台班	0.002	0.001
	试压泵 3MPa		台班	0.005	0.004

工作内容:划线定位,定标高,热熔接管,水平管敷设,管道试压。 **计量单位**:10m

定额编号				2-273	2-274	2-275	2-276
项目				水平地埋塑料管安装 热熔			
				公称外径(mm 以内)			
				32	40	50	63
名称			单位	消耗量			
人工	合计工日		工日	0.549	0.605	0.659	0.723
	其中	普工	工日	0.137	0.151	0.165	0.181
		一般技工	工日	0.357	0.393	0.428	0.470
		高级技工	工日	0.055	0.061	0.066	0.072
材料	塑料管		m	10.200	10.200	10.200	10.200
	塑料管热熔管件		个	5.460	5.390	5.810	5.780
	锯条(各种规格)		根	0.078	0.093	0.127	0.146
	铁砂布		张	0.027	0.038	0.050	0.057
	电		kW·h	0.563	0.675	0.788	1.122
	热轧厚钢板 δ8.0~15		kg	0.034	0.037	0.039	0.042
	氧气		m^3	0.003	0.006	0.006	0.006
	乙炔气		kg	0.001	0.002	0.002	0.002
	低碳钢焊条 J422 ϕ3.2		kg	0.002	0.002	0.002	0.002
	水		m^3	0.023	0.040	0.053	0.088
	橡胶板 δ1~3		kg	0.008	0.009	0.010	0.010
	六角螺栓		kg	0.004	0.005	0.005	0.005
	螺纹阀门 *DN*20		个	0.004	0.005	0.005	0.005
	焊接钢管 *DN*20		m	0.015	0.016	0.016	0.017
	橡胶软管 *DN*20		m	0.007	0.007	0.007	0.008
	弹簧压力表 Y-100 0~1.6MPa		块	0.002	0.002	0.002	0.003
	压力表弯管 *DN*15		个	0.002	0.002	0.002	0.003
	其他材料费		%	2.000	2.000	2.000	2.000
机械	电焊机(综合)		台班	0.001	0.001	0.002	0.002
	试压泵 3MPa		台班	0.001	0.002	0.002	0.002
	电动单级离心清水泵 100mm		台班	0.001	0.001	0.001	0.001

工作内容:划线定位,定标高,热熔接管,水平管敷设,管道试压。 **计量单位**:10m

定额编号				2-277	2-278	2-279	2-280
项目				水平地埋塑料管安装 热熔			
				公称外径(mm 以内)			
				75	90	110	160
名称			单位	消耗量			
人工	合计工日		工日	0.753	0.804	0.905	1.034
	其中	普工	工日	0.189	0.200	0.227	0.258
		一般技工	工日	0.489	0.523	0.588	0.672
		高级技工	工日	0.075	0.081	0.090	0.104
材料	塑料管		m	10.150	10.150	10.150	10.150
	塑料管热熔管件		个	3.050	2.990	2.570	0.650
	锯条(各种规格)		根	0.241	0.306	0.583	—
	铁砂布		张	0.070	0.075	0.076	0.081
	电		kW·h	1.254	1.670	1.902	—
	热轧厚钢板 δ8.0~15		kg	0.044	0.047	0.049	0.110
	氧气		m^3	0.006	0.006	0.006	0.006
	乙炔气		kg	0.002	0.002	0.002	0.002
	低碳钢焊条 J422 ϕ3.2		kg	0.002	0.003	0.003	0.003
	水		m^3	0.145	0.204	0.353	0.764
	橡胶板 δ1~3		kg	0.011	0.011	0.012	0.016
	六角螺栓		kg	0.006	0.006	0.006	0.012
	螺纹阀门 *DN*20		个	0.005	0.006	0.006	0.006
	焊接钢管 *DN*20		m	0.019	0.020	0.021	0.023
	橡胶软管 *DN*20		m	0.008	0.008	0.009	0.010
	弹簧压力表 Y-100 0~1.6MPa		块	0.003	0.003	0.003	0.003
	压力表弯管 *DN*15		个	0.003	0.003	0.003	0.003
	其他材料费		%	2.000	2.000	2.000	2.000
机械	载重汽车 5t		台班	—	—	—	0.005
	汽车式起重机 8t		台班	—	—	—	0.051
	热熔对接焊机 160mm		台班	—	—	—	0.150
	木工圆锯机 500mm		台班	—	—	—	0.011
	电焊机(综合)		台班	0.002	0.002	0.002	0.002
	试压泵 3MPa		台班	0.002	0.002	0.002	0.003
	电动单级离心清水泵 100mm		台班	0.002	0.002	0.002	0.005

(3)地源热泵用塑料集(分)水器

工作内容:集分水器固定,安装。　　计量单位:个

定额编号			2-281	2-282
项目			DN200以内	DN325以内
名称		单位	消耗量	
人工	合计工日	工日	0.390	0.527
人工	其中 普工	工日	0.078	0.105
人工	其中 一般技工	工日	0.281	0.380
人工	其中 高级技工	工日	0.031	0.042
材料	塑料集分水器	个	1.000	1.000
机械	试压泵 2.5MPa	台班	0.083	0.125

第三章　节水与水资源利用

说　　明

一、本章定额包括了节水卫生器具安装、节水灌溉和雨水及中水收集处理设备安装三节,共33个定额项目。

二、本章包括了带感应开关的节水型卫生器具安装、节水灌溉系统以及雨水、中水收集处理系统的设备和材料的安装。其他常用的节水设备材料的安装及其配电、智能化安装根据设计要求分别执行《通用安装工程消耗量定额》(TY 02—31—2015)相应定额。

三、带截污过滤装置的塑料雨水井安装定额,适用于带截污沉淀装置、带弃流装置等含类似装置的塑料雨水井安装。电动弃流装置电气接线执行《通用安装工程消耗量定额》(TY 02—31—2015)第四册《电气设备安装工程》相应定额。

工程量计算规则

一、节水卫生器具按设计图示数量,以“10 组”或“10 套”为计量单位。

二、节水灌溉设备中喷头、滴头、快速取水阀、成品阀门箱、雨量传感器、喷灌用电磁阀按设计图示数量,以“个”为计量单位;滴灌管按设计图示长度,以“10m”为计量单位;模块控制器按设计图示数量,以“台”为计量单位。

三、雨水、中水收集处理系统中土工布铺设按照塑料模块水箱水平投影面积,以“m^2”为计量单位。

四、塑料模块水箱防渗透膜包覆按照塑料模块水箱外表面积,以“m^2” 为计量单位。

五、塑料模块蓄水水箱安装按设计图示数量,以“台”为计量单位。

六、带截污过滤装置的塑料雨水井按设计图示数量,以“座”为计量单位。

一、节水卫生器具

1. 带感应开关的洗脸盆

工作内容：打螺栓孔、托架安装、洗脸盆及附件安装、与上下水管连接、试水。 **计量单位**：10 组

定额编号				3-1	3-2	3-3	3-4
项目				挂墙式	立柱式	台上式	台下式
名称			单位	消耗量			
人工	合计工日		工日	5.110	4.562	5.513	6.498
	其中	普工	工日	1.277	1.141	1.380	1.624
		一般技工	工日	3.322	2.965	3.590	4.224
		高级技工	工日	0.511	0.456	0.543	0.650
材料	洗脸盆		个	10.100	10.100	10.100	10.100
	红外感应龙头及配件 15		套	10.100	10.100	10.100	10.100
	角型阀(带铜活) *DN*15		个	10.100	10.100	10.100	10.100
	洗脸盆托架		副	10.100	—	—	10.100
	螺纹管件 *DN*15		个	10.100	10.100	10.100	10.100
	洗脸盆排水附件		套	10.100	10.100	10.100	10.100
	金属软管 *D*15		m	10.100	10.100	10.100	10.100
	膨胀螺栓 M(6~12)×(50~120)		套	103.000	20.600	—	61.800
	白水泥砂浆 1:2		m^3	—	0.009	—	—
	橡胶板 δ1~3		kg	—	0.130	0.130	0.130
	聚四氟乙烯生料带 宽 20		m	35.200	31.200	31.200	39.200
	锯条(各种规格)		根	1.000	0.400	0.400	0.400
	冲击钻头 ϕ8~16		个	1.100	0.220	—	0.660
	防水密封胶		支	1.500	2.500	2.000	2.000
	电		kW·h	1.600	0.320	—	0.960
	水		m^3	0.200	0.200	0.200	0.200
	其他材料费		%	3.000	3.000	3.000	3.000

2. 带感应开关的蹲式大便器

工作内容：打螺栓孔，大便器、水箱及附件安装，与上下水管连接，试水。 **计量单位**：10组

定额编号			3-5
项目			瓷蹲式
名称		单位	消耗量
人工	合计工日	工日	5.170
	其中 普工	工日	1.292
	其中 一般技工	工日	3.361
	其中 高级技工	工日	0.517
材料	瓷蹲式大便器	个	10.100
	埋入式感应控制器	个	10.100
	防污器 *DN*32	个	10.100
	大便器存水弯 *DN*100	个	10.100
	冲洗管 *DN*32	根	10.100
	大便器胶皮碗(配喉箍)	套	10.500
	聚四氟乙烯生料带 宽20	m	16.000
	锯条(各种规格)	根	1.500
	防水密封胶	支	5.000
	大便器排水接头	个	10.100
	烧结粉煤灰砖 240×115×53	千块	0.160
	水	m^3	0.120
	砂子	m^3	0.090
	石灰膏	m^3	0.185
	其他材料费	%	3.000

3. 带感应开关的小便器

工作内容：打螺栓孔、小便器及附件安装、与上下水管连接、试水。　　**计量单位：**10 组

定额编号				3-6	3-7
项　目				壁挂式	落地式
名　称			单位	消耗量	
人工	合计工日		工日	3.250	3.630
	其中	普工	工日	0.812	0.907
		一般技工	工日	2.113	2.360
		高级技工	工日	0.325	0.363
材料	挂式小便器		个	10.100	—
	立式小便器		个	—	10.100
	埋入式感应控制器		个	10.100	10.100
	小便器排水附件		套	10.100	10.100
	小便器冲水连接管 *DN*15		根	10.100	10.100
	膨胀螺栓 M(6～12)×(50～120)		套	61.800	20.600
	聚四氟乙烯生料带 宽 20		m	16.000	34.000
	锯条(各种规格)		根	0.400	0.400
	防水密封胶		支	0.700	1.000
	冲击钻头 ϕ8～16		个	0.660	0.220
	电		kW·h	0.960	0.320
	水		m^3	0.100	0.100
	其他材料费		%	3.000	3.000

4. 带恒温控制和温度显示功能的冷热水混合沐浴器

工作内容：打螺栓孔、成套淋浴器安装、接管、试水。 计量单位：10套

定额编号				3-8
项目				带恒温控制和温度显示功能的冷热水混合沐浴器
名称			单位	消耗量
人工	合计工日		工日	5.587
	其中	普工	工日	1.397
		一般技工	工日	3.631
		高级技工	工日	0.559
材料	双管成品淋浴器(含固定件)		套	10.100
	螺纹管件 *DN*15		个	20.200
	聚四氟乙烯生料带 宽20		m	28.000
	冲击钻头 ϕ8～16		个	0.110
	电		kW·h	0.180
	水		m^3	0.160
	其他材料费		%	3.000

二、节 水 灌 溉

1. 喷 头

工作内容：检查、清理、定位、安装、单体调试。 计量单位：个

定额编号				3-9	3-10	3-11	3-12
项目				地埋式散射喷头安装	地埋式旋转喷头安装(喷洒半径)		
					10m以内	15m以内	15m以上
名称			单位	消耗量			
人工	合计工日		工日	0.127	0.194	0.228	0.276
	其中	普工	工日	0.042	0.053	0.053	0.053
		一般技工	工日	0.068	0.120	0.120	0.120
		高级技工	工日	0.017	0.021	0.055	0.103
材料	地埋式喷灌喷头		个	1.010	1.010	1.010	1.010
	柔性铰接管		根	1.010	1.010	1.010	1.010
	聚四氟乙烯生料带 宽20		m	0.944	0.944	0.944	0.944
	其他材料费		%	2.000	2.000	2.000	2.000

2.滴　　头

工作内容：检查、清理、安装。　　**计量单位：**个

定额编号				3-13	3-14
项　　目				单出口滴头安装	多出口滴头安装
名　　称			单位	消耗量	
人工	合计工日		工日	0.014	0.130
	其中	普工	工日	0.006	0.032
		一般技工	工日	0.008	0.085
		高级技工	工日	—	0.013
材料	单出口滴头		个	1.010	—
	多出口滴头		个	—	1.010
	其他材料费		%	2.000	2.000

3.滴　灌　管

工作内容：切管、调直、管道安装。　　**计量单位：**10m

定额编号				3-15
项　　目				公称直径(mm)
				≤15
名　　称			单位	消耗量
人工	合计工日		工日	0.128
	其中	普工	工日	0.032
		一般技工	工日	0.083
		高级技工	工日	0.013
材料	滴灌管		m	10.200
	其他材料费		%	2.000

4. 快速取水阀

工作内容：检查、清理、安装。　　　　计量单位：个

定额编号				3-16
项目				快速取水阀安装
名称			单位	消耗量
人工	合计工日		工日	0.095
	其中	普工	工日	0.070
		一般技工	工日	0.010
		高级技工	工日	0.015
材料	快速取水阀		个	1.010
	聚四氟乙烯生料带 宽20		m	1.328
	其他材料费		%	2.000

5. 成品阀门箱

工作内容：挖填土、就位、固定。　　　　计量单位：个

定额编号				3-17	3-18	3-19
项目				成品圆形阀门箱安装	成品矩形阀门箱安装	
				直径(mm)	半周长(mm)	
				≤400	≤1000	>1000
名称			单位	消耗量		
人工	合计工日		工日	0.288	0.600	0.830
	其中	普工	工日	0.097	0.225	0.207
		一般技工	工日	0.152	0.325	0.540
		高级技工	工日	0.039	0.050	0.083
材料	成品圆形阀门箱		个	1.000	—	—
	成品矩形阀门箱		个	—	1.000	1.000
	水泥 42.5		kg	1.231	1.893	3.400
	砂子		kg	3.692	5.680	10.200
	其他材料费		%	2.000	2.000	2.000

6. 控　制　器

工作内容:开箱、检查、现场就位、固定安装、接线、调试。

定额编号				3-20	3-21
项　目				雨量传感器	模块控制器
				个	台
名　称			单位	消耗量	
人工	合计工日		工日	0.850	0.840
	其中	普工	工日	0.220	0.360
		一般技工	工日	0.546	0.336
		高级技工	工日	0.084	0.144
材料	雨量传感器		个	1.000	—
	模块控制器		个	—	1.000
	其他材料费		元	6.320	25.660
机械	工业用真有效值万用表		台班	0.050	0.400
	对讲机(一对)		台班	—	0.300
	数字温度计		台班	0.050	—

7. 喷灌用电磁阀

工作内容:安装、接线、调试。　　**计量单位:**个

定额编号				3-22	3-23	3-24
项　目				公称直径(mm)		
				≤25	≤50	≤80
名　称			单位	消耗量		
人工	合计工日		工日	1.060	1.790	2.950
	其中	普工	工日	0.140	0.250	0.360
		一般技工	工日	0.360	0.650	0.950
		高级技工	工日	0.560	0.890	1.640
材料	螺纹电磁阀门		个	1.010	1.010	1.010
	外丝活接头		个	2.020	2.020	2.020
	锯条(各种规格)		根	0.063	0.106	0.150
	尼龙砂轮片 ϕ100		片	0.008	0.021	0.034
	聚四氟乙烯生料带 宽20		m	0.944	1.888	4.890
	其他材料费		%	2.000	2.000	2.000
机械	砂轮切割机		台	0.006	0.006	0.006

三、雨水及中水收集处理设备

1. 塑料模块雨水及中水收集设备

工作内容:1. 定位,铺摊,固定;

2. 定位,测量,裁剪,包覆,固定,检漏。

计量单位:10m²

定额编号				3-25	3-26
项目				土工布铺设	塑料模块水箱防渗透膜包覆
名称			单位	消耗量	
人工	合计工日		工日	0.199	0.300
	其中	普工	工日	0.060	0.102
		一般技工	工日	0.119	0.168
		高级技工	工日	0.020	0.030
材料	土工布		m^2	18.060	—
	防渗透布		m^2	—	14.000
	圆钉		kg	0.177	—
	其他材料费		%	3.000	3.000
机械	载重汽车 5t		台班	0.074	0.074
	土工布焊接机		台班	—	0.025

2. 塑料模块蓄水水箱

工作内容:定位,模块卸车、搬运、模块拼装、固定、渗水试验。

计量单位:台

定额编号				3-27	3-28	3-29	3-30
项目				塑料模块蓄水水箱安装			
				容积(m^3)			
				≤50	≤100	≤200	≤300
名称			单位	消耗量			
人工	合计工日		工日	3.292	5.073	12.640	18.600
	其中	普工	工日	0.988	1.522	3.792	5.580
		一般技工	工日	1.975	3.044	7.584	11.160
		高级技工	工日	0.329	0.507	1.264	1.860
材料	塑料模块蓄水水箱(含配件)		台	1.000	1.000	1.000	1.000
机械	叉式起重机 5t		台班	0.271	0.542	1.080	1.626

注:渗水试验中所用水的主材费按实计算。

3. 雨水中水处理及控制设备

工作内容：1. 一体式雨水中水处理设备：基础定位、开箱检查、设备及其配套的部件、附件整体安装、单机试运转；

2. 截污过滤装置的塑料雨水井：定位，塑料功能装置安装、井筒安装，盖井盖；

3. 雨水处理控制柜(落地式)：测定、打孔、固定、接线、开关及机构调整、接地。

定额编号				3-31	3-32	3-33
项目				一体式雨水中水处理设备	带截污过滤装置的塑料雨水井 ϕ700 以内	雨水处理控制柜(落地式)
				台	座	台
名称			单位	消耗量		
人工	合计工日		工日	20.475	2.100	2.064
	其中	普工	工日	5.118	0.924	0.532
		一般技工	工日	14.333	1.176	1.238
		高级技工	工日	1.024	—	0.294
材料	雨水处理控制柜		台	—	—	1.000
	带雨水截污过滤装置的塑料雨水井		套	—	1.000	—
	一体式雨水中水处理设备		台	1.000	—	—
	平垫铁(综合)		kg	5.080	—	0.300
	斜垫铁(综合)		kg	5.100	—	—
	镀锌扁钢(综合)		kg	—	—	1.800
	热轧薄钢板 δ1.6～1.9		kg	0.480	—	—
	低碳钢焊条 J422 ϕ3.2		kg	0.410	—	0.180
	松香焊锡丝(综合)		m	—	—	0.150
	氧气		m^3	0.360	—	—
	乙炔气		kg	0.120	—	—
	板枋材		m^3	0.004	—	—
	汽油(综合)		kg	0.450	—	—
	煤油		kg	3.030	—	—
	机油		kg	1.818	—	—
	黄油钙基脂		kg	0.727	—	—
	铅油(厚漆)		kg	0.436	—	—
	石棉橡胶板 δ3～6		kg	3.020	—	—
	道木 250×200×2500		根	0.003	—	—
	镀锌铁丝 ϕ2.8～4.0		kg	3.600	—	—
	聚酯乙烯泡沫塑料板		kg	0.550	—	—
	酚醛调和漆(各种颜色)		kg	—	—	0.050
	醇酸防锈漆 C53－1		kg	—	—	0.020
	电力复合脂		kg	—	—	0.050
	自粘性塑料带 20mm×20m		卷	—	—	0.200
	润滑剂		kg	—	1.196	—
	水		m^3	—	0.565	—
	其他材料费		%	3.000	2.000	1.800
机械	载重汽车 5t		台班	0.643	0.008	0.050
	吊装机械(综合)		台班	1.110	0.023	0.084
	电焊机（综合）		台班	0.158	—	0.103
	木工圆锯机 500mm		台班	—	0.005	—
	电动单级离心清水泵 100mm		台班	—	0.003	—

第四章　节材与材料资源利用

说　　明

一、本章定额包括高强及成型钢筋和新型墙体材料两节，共38个定额项目。

二、高强及成型钢筋。

1. 钢筋工程按钢筋的不同品种和规格以现浇构件、预制构件以及箍筋分别列项，钢筋的品种、规格比率按常规工程设计综合考虑。

2. 除定额规定单独列项计算以外，各类钢筋的制作成型、绑扎、安装、接头、固定所用的人工、机械消耗均已综合在相应项目内；设计另有规定者，按设计要求计算。直径25mm以上的钢筋连接按机械连接考虑。

3. 钢筋工程中措施钢筋，按设计图纸规定及施工验收规范要求计算，按品种、规格执行相应项目，如采用其他材料时，另行计算。

4. 现浇构件冷拔钢丝按 $\phi10$ 以内钢筋制安项目执行。

5. 型钢组合混凝土构件中钢筋执行现浇构件钢筋相应项目，人工乘以系数1.5、机械乘以系数1.15。

6. 弧形构件钢筋执行钢筋相应项目，人工乘以系数1.05。

7. 混凝土空心楼板中钢筋网片，执行现浇构件钢筋相应项目，人工乘以系数1.30、机械乘以系数1.15。

8. 非预应力钢筋未包括冷加工，如设计要求冷加工时，应另行计算。

9. 现浇混凝土小型构件、执行现浇构件钢筋相应项目，人工、机械乘以系数2。

10. 成型钢筋指按照施工图要求下料并在加工厂内加工，运到现场可直接绑扎或安装的成品钢筋，其价格内已包含成型钢筋的断料、制作损耗。

11. 各类钢筋接头按《房屋建筑与装饰工程消耗量定额》(TY 01—31—2015)“第五章 混凝土及钢筋混凝土工程”的相应项目及规定执行。

三、新型墙体材料。

1. 定额中砖、砌块按标准或常用规格编制，设计规格与定额不同时，砌体材料和砌筑(粘结)材料用量应作调整换算，砌筑砂浆按干混预拌砌筑砂浆编制。定额所列砌筑砂浆种类和强度等级、砌块专用砌筑粘结剂品种，如设计与定额不同时，应作调整换算。

2. 定额中的墙体砌筑层高是按3.6m编制的，如超过3.6m时，其超过部分工程量的定额人工乘以系数1.3。

3. 基础与墙(柱)身的划分：

(1) 基础与墙(柱)身使用同一种材料时，以设计室内地面为界(有地下室者，以地下室室内设计地面为界)，以下为基础，以上为墙(柱)身。

(2) 基础与墙(柱)身使用不同材料时，位于设计室内地面高度小于或等于±300mm时，以不同材料为分界线；高度大于±300mm时，以设计室内地面为分界线。

(3) 砖砌地沟不分墙基和墙身，按不同材质合并工程量套用相应项目。

(4) 围墙以设计室外地坪为界，以下为基础，以上为墙身。

4. 砖基础不分砌筑宽度及是否有大放脚，均执行对应品种及规格砖的同一项目。地下混凝土构件所用砖模及砖砌挡土墙套用砖基础项目。

5. 砖砌体和砌块砌体不分内、外墙，均执行对应品种的砖和砌块项目，其中：

(1) 定额中均已包括了立门窗框的调直以及腰线、窗台线、挑檐等一般出线用工。

(2) 轻集料混凝土小型空心砌块墙的门窗洞口等镶砌的同类实心砖部分已包含在定额内，不单独计算。

6. 加气混凝土类砌块墙项目已包括砌块零星切割改锯的损耗及费用。

7. 空心砖、砌块砌筑有防水、防潮要求的墙体时，若以普通(实心)砖作为导墙砌筑，导墙与上部墙主体需分别计算，导墙部分套用零星砌体项目。

8. 定额中各类砖、砌块的砌筑均按直形砌筑编制，如为圆弧形砌筑者，按相应定额人工用量乘以系数1.1，砖、砌块及砂浆(粘结剂)用量乘以系数1.03计算。

9. 砖砌体钢筋加固，砌体内加筋、灌注混凝土，墙体拉结筋的制作、安装，以及墙基、墙身的防潮、防水、抹灰等，按《房屋建筑与装饰工程消耗量定额》(TY 01—31—2015)相关章节的项目及规定执行。

四、预拌混凝土、预拌砂浆和高性能混凝土等绿色建材，按《房屋建筑与装饰工程消耗量定额》(TY 01—31—2015)相关章节的项目及规定执行。

工程量计算规则

一、高强及成型钢筋。

1. 现浇构件钢筋，按设计图示钢筋长度乘以单位理论质量计算。

2. 钢筋搭接长度应按设计图示及规范要求计算；设计图示及规范要求未标明搭接长度的，不另计算搭接长度。

3. 钢筋的搭接（接头）数量应按设计图示及规范要求计算；设计图示及规范要求未标明的，按以下规定计算：

(1) $\phi10$ 以内的长钢筋按每 12m 计算一个钢筋搭接（接头）。

(2) $\phi10$ 以上的长钢筋按每 9m 计算一个搭接（接头）。

4. 当设计要求钢筋接头采用机械连接、电渣压力焊及气压焊时，按数量计算，不再计算该处的钢筋搭接长度。

二、新型墙体材料。

1. 砖基础工程量按设计图示尺寸以体积计算。

(1) 附墙垛基础宽出部分体积按折加长度合并计算，扣除地梁（圈梁）、构造柱所占体积，不扣除基础大放脚 T 形接头处的重叠部分及嵌入基础内的钢筋、铁件、管道、基础砂浆防潮层和单个面积 $\leq0.3m^2$ 的孔洞所占体积，靠墙暖气沟的挑檐不增加。

(2) 基础长度：外墙按外墙中心线长度计算，内墙按内墙基净长线计算。

2. 砖墙、砌块墙按设计图示尺寸以体积计算。

(1) 扣除门窗、洞口、嵌入墙内的钢筋混凝土柱、梁、圈梁、挑梁、过梁及凹进墙内的壁龛、管槽、暖气槽、消火栓箱所占体积，不扣除梁头、板头、檩头、垫木、木楞头、沿缘木、木砖、门窗走头、砖墙内加固钢筋、木筋、铁件、钢管及单个面积 $\leq0.3m^2$ 的孔洞所占的体积。凸出墙面的腰线、挑檐、压顶、窗台线、虎头砖、门窗套的体积亦不增加。凸出墙面的砖垛并入墙体体积内计算。

(2) 墙长度：外墙按中心线、内墙按净长计算。

(3) 墙高度：

1) 外墙：斜（坡）屋面无檐口天棚者算至屋面板底；有屋架且室内外均有天棚者算至屋架下弦底另加 200mm；无天棚者算至屋架下弦底另加 300mm，出檐宽度超过 600mm 时按实砌高度计算；与钢筋混凝土楼板隔层者算至板顶。平屋顶算至钢筋混凝土板底。

2) 内墙：位于屋架下弦者，算至屋架下弦底；无屋架者算至天棚底另加 100mm；有钢筋混凝土楼板隔层者算至楼板底；有框架梁时算至梁底。

3) 女儿墙：从屋面板上表面算至女儿墙顶面（如有混凝土压顶时算至压顶下表面）。

4) 内、外山墙：按其平均高度计算。

(4) 墙厚度：

1) 标准砖以 240mm × 115mm × 53mm 为准，其砌体厚度按下表计算。

标准砖砌体计算厚度表

砖数（厚度）	1/4	1/2	3/4	1	$1\frac{1}{2}$	2	$2\frac{1}{2}$	3
计算厚度（mm）	53	115	178	240	365	490	615	740

2) 使用非标准砖时，其砌体厚度应按砖实际规格和设计厚度计算；如设计厚度与实际规格不同时，按实际规格计算。

(5)框架间墙:不分内、外墙,按墙体净尺寸以体积计算。

3. 砌体砌筑设置导墙时,砖砌导墙需单独计算,厚度与长度按墙身主体,高度以实际砌筑高度计算,墙身主体的高度相应扣除。

4. 轻质隔墙按设计图示尺寸以面积计算。

一、高强及成型钢筋

1. 现浇构件高强钢筋

工作内容：钢筋制作、运输、绑扎、安装等。　　**计量单位：**t

定额编号				4-1	4-2	4-3	4-4
项目				带肋钢筋 HRB400 以上			
				直径(mm)			
				≤ 10	≤ 18	≤ 25	≤ 40
名称			单位	消耗量			
人工	合计工日		工日	7.967	6.857	4.704	3.841
	其中	普工	工日	2.390	2.057	1.412	1.152
		一般技工	工日	4.780	4.114	2.822	2.305
		高级技工	工日	0.797	0.686	0.470	0.384
材料	钢筋 HRB400 以上 ϕ10 以内		kg	1020.000	—	—	—
	钢筋 HRB400 以上 ϕ12 ~ 18		kg	—	1025.000	—	—
	钢筋 HRB400 以上 ϕ20 ~ 25		kg	—	—	1025.000	—
	钢筋 HRB400 以上 ϕ25 以上		kg	—	—	—	1025.000
	镀锌铁丝 ϕ0.7		kg	5.640	3.650	1.597	0.870
	低合金钢焊条 E43 系列		kg	—	6.552	5.928	—
	水		m^3	—	0.144	0.093	—
机械	钢筋调直机 40mm		台班	0.614	0.095	—	—
	钢筋切断机 40mm		台班	0.426	0.105	0.095	0.095
	钢筋弯曲机 40mm		台班	0.436	0.242	0.189	0.137
	直流弧焊机 32kV·A		台班	—	0.473	0.420	—
	对焊机 75kV·A		台班	—	0.095	0.063	—
	电焊条烘干箱 45 × 35 × 45(cm)		台班	—	0.047	0.042	—

2. 高 强 箍 筋

工作内容：钢筋制作、运输、绑扎、安装等。

计量单位：t

定额编号				4-5	4-6
项目				带肋钢筋 HRB400 以上	
				直径(mm)	
				≤ 10	> 10
名称			单位	消耗量	
人工	合计工日		工日	15.551	8.933
	其中	普工	工日	4.665	2.680
		一般技工	工日	9.331	5.360
		高级技工	工日	1.555	0.893
材料	钢筋 HRB400 以上 ϕ10 以内		kg	1020.000	—
	钢筋 HRB400 以上 ϕ12～18		kg	—	1025.000
	镀锌铁丝 ϕ0.7		kg	10.037	4.620
机械	钢筋调直机 40mm		台班	0.320	0.130
	钢筋切断机 40mm		台班	0.200	0.100
	钢筋弯曲机 40mm		台班	1.420	0.700

3. 现浇构件成型钢筋

工作内容：钢筋绑扎、安装等。

计量单位：t

定额编号				4-7	4-8	4-9	4-10
项目				成型带肋钢筋			
				直径(mm)			
				≤10	≤18	≤25	≤40
名称			单位	消耗量			
人工	合计工日		工日	5.179	4.457	3.058	2.497
	其中	普工	工日	1.554	1.337	0.917	0.749
		一般技工	工日	3.107	2.674	1.835	1.498
		高级技工	工日	0.518	0.446	0.306	0.250
材料	成型钢筋 HRB400 ϕ10 以内		kg	1005.000	—	—	—
	成型钢筋 HRB400 ϕ12～18		kg	—	1005.000	—	—
	成型钢筋 HRB400 ϕ20～25		kg	—	—	1005.000	—
	成型钢筋 HRB400 ϕ25		kg	—	—	—	1005.000
	镀锌铁丝 ϕ0.7		kg	5.640	3.650	1.597	0.870

4. 成型箍筋

工作内容：钢筋绑扎、安装等。　　　　**计量单位**：t

定额编号				4-11	4-12
项　目				成型带肋钢筋 HRB400 以上	
				直径(mm)	
				≤10	>10
名　称			单位	消耗量	
人工	合计工日		工日	10.108	5.806
	其中	普工	工日	3.032	1.742
		一般技工	工日	6.065	3.484
		高级技工	工日	1.011	0.580
材料	成型钢筋 HRB400 ϕ10 以内		kg	1005.000	—
	成型钢筋 HRB400 ϕ12～18		kg	—	1005.000
	镀锌铁丝 ϕ0.7		kg	10.037	4.620

二、新型墙体材料

1. 砖　基　础

工作内容：清理基槽坑，调、运、铺砂浆，运、砌砖。　　　　**计量单位**：$10m^3$

定额编号				4-13
项　目				烧结煤矸石普通砖砖基础
名　称			单位	消　耗　量
人工	合计工日		工日	9.834
	其中	普工	工日	2.309
		一般技工	工日	6.450
		高级技工	工日	1.075
材料	烧结煤矸石普通砖 240×115×53		千块	5.262
	干混砌筑砂浆 DM M10		m^3	2.399
	水		m^3	1.050
机械	干混砂浆罐式搅拌机		台班	0.240

2. 砖　　墙

工作内容：清理基槽坑，调、运、铺砂浆，运、砌砖，安放木砖、垫块。　　　　**计量单位**：$10m^3$

定额编号				4-14	4-15	4-16	4-17
项　目				烧结煤矸石普通砖砖墙			
				1/4 砖	1/2 砖	3/4 砖	1 砖
名　称			单位	消　耗　量			
人工	合计工日		工日	24.332	15.425	14.846	11.251
	其中	普工	工日	6.979	4.098	3.876	2.756
		一般技工	工日	14.874	9.708	9.403	7.281
		高级技工	工日	2.479	1.619	1.567	1.214
材料	烧结煤矸石普通砖 240×115×53		千块	6.100	5.585	5.456	5.337
	干混砌筑砂浆 DM M10		m^3	1.199	1.978	2.163	2.313
	水		m^3	1.230	1.130	1.100	1.060
	其他材料费		%	0.180	0.180	0.180	0.180
机械	干混砂浆罐式搅拌机		台班	0.120	0.198	0.217	0.228

工作内容：清理基槽坑，调、运、铺砂浆，运、砌砖，安放木砖、垫块。　　**计量单位**：$10m^3$

定额编号				4-18	4-19
项目				烧结煤矸石普通砖砖墙	
				1砖半	2砖及2砖以上
名称			单位	消耗量	
人工	合计工日		工日	10.825	10.218
	其中	普工	工日	2.595	2.399
		一般技工	工日	7.054	6.702
		高级技工	工日	1.176	1.117
材料	烧结煤矸石普通砖 240×115×53		千块	5.290	5.254
	干混砌筑砂浆 DM M10		m^3	2.440	2.491
	水		m^3	1.070	1.060
	其他材料费		%	0.180	0.180
机械	干混砂浆罐式搅拌机		台班	0.244	0.249

工作内容：清理基槽坑，调、运、铺砂浆，运、砌砖，安放木砖、垫块。　　**计量单位**：$10m^3$

定额编号				4-20	4-21	4-22	4-23
项目				烧结煤矸石空心砖砖墙			
				1/2砖	1砖	1砖半	2砖及2砖以上
名称			单位	消耗量			
人工	合计工日		工日	10.096	8.263	7.252	7.230
	其中	普工	工日	2.789	2.123	1.782	1.758
		一般技工	工日	6.263	5.263	4.689	4.691
		高级技工	工日	1.044	0.877	0.781	0.781
材料	烧结煤矸石空心砖 240×240×115		千块	1.433	1.370	1.354	1.345
	干混砌筑砂浆 DM M10		m^3	0.894	1.332	1.471	1.539
	水		m^3	1.100	1.030	1.030	1.020
	其他材料费		%	0.190	0.190	0.190	0.190
机械	干混砂浆罐式搅拌机		台班	0.089	0.133	0.147	0.154

3. 砌 块 墙

工作内容：调、运、铺砂浆，运、安装砌块及运、镶砌砖，安放木砖、垫块。 **计量单位：**10m³

定额编号				4-24	4-25	4-26
项目				轻集料混凝土小型空心砌块墙		
				墙厚(mm)		
				240	190	120
名称			单位	消耗量		
人工	合计工日		工日	8.876	9.513	9.633
	其中	普工	工日	2.374	2.560	2.617
		一般技工	工日	5.573	5.960	6.014
		高级技工	工日	0.929	0.993	1.002
材料	陶粒混凝土小型砌块 390×240×190		m^3	7.990	—	—
	陶粒混凝土小型砌块 390×190×190		m^3	—	7.990	—
	陶粒混凝土小型砌块 390×120×190		m^3	—	—	7.990
	陶粒混凝土实心砖 240×115×53		千块	0.830	—	0.870
	陶粒混凝土实心砖 190×90×53		千块	—	1.310	—
	干混砌筑砂浆 DM M10		m^3	1.080	1.100	1.020
	水		m^3	0.100	0.100	0.100
	其他材料费		%	0.171	0.171	0.171
机械	干混砂浆罐式搅拌机		台班	0.108	0.110	0.102

工作内容：调、运、铺砂浆，运、安装砌块，洞口侧边竖砌砌块，砂浆灌芯，安放木砖、垫块。 **计量单位：**10m³

定额编号				4-27	4-28	4-29
项目				烧结空心砌块墙		
				墙厚(卧砌)(mm)		
				240	190	115
名称			单位	消耗量		
人工	合计工日		工日	8.957	9.581	9.823
	其中	普工	工日	2.449	2.636	2.709
		一般技工	工日	5.578	5.952	6.098
		高级技工	工日	0.930	0.993	1.016
材料	烧结页岩空心砌块 290×240×190		m^3	9.250	—	—
	烧结页岩空心砌块 290×190×190		m^3	—	9.250	—
	烧结页岩空心砌块 290×115×190		m^3	—	—	9.250
	干混砌筑砂浆 DM M10		m^3	0.890	0.890	0.890
	水		m^3	1.100	1.100	1.100
	其他材料费		%	0.156	0.156	0.156
机械	干混砂浆罐式搅拌机		台班	0.089	0.089	0.089

工作内容：调、运、铺砂浆或运、搅拌、铺粘结剂，运、部分切割、安装砌块，安放木砖、垫块、木楔卡固、刚性材料嵌缝。

计量单位：$10m^3$

定额编号				4-30	4-31	4-32	4-33
项目				蒸压加气混凝土砌块墙			
				墙厚(mm)			
				≤150		≤200	
				砂浆	粘结剂	砂浆	粘结剂
名称			单位	消耗量			
人工	合计工日		工日	9.857	10.088	9.857	10.088
	其中	普工	工日	2.767	3.026	2.767	3.026
		一般技工	工日	6.077	6.053	6.077	6.053
		高级技工	工日	1.013	1.009	1.013	1.009
材料	蒸压粉煤灰加气混凝土砌块 600×120×240		m^3	9.770	10.150	—	—
	蒸压粉煤灰加气混凝土砌块 600×190×240		m^3	—	—	9.770	10.150
	干混砌筑砂浆 DM M10		m^3	0.710	—	0.710	—
	砌块砌筑粘结剂		kg	—	297.400	—	297.400
	水泥砂浆 1:3		m^3	—	0.100	—	0.100
	砌筑水泥砂浆 M7.5		m^3	—	0.080	—	0.080
	水		m^3	0.400	0.200	0.400	0.200
	其他材料费		%	0.570	0.524	0.361	0.332
机械	灰浆搅拌机 200L		台班	—	0.030	—	0.030
	干混砂浆罐式搅拌机		台班	0.071	—	0.071	—

工作内容:调、运、铺砂浆或运、搅拌、铺粘结剂,运、部分切割、安装砌块,安放木砖、垫块、木楔卡固、刚性材料嵌缝。

计量单位:$10m^3$

定额编号				4-34	4-35
项目				蒸压加气混凝土砌块墙	
				墙厚(mm)	
				≤300	
				砂浆	粘结剂
名称			单位	消耗量	
人工	合计工日		工日	8.419	8.649
	其中	普工	工日	2.336	2.595
		一般技工	工日	5.214	5.190
		高级技工	工日	0.869	0.864
材料	蒸压粉煤灰加气混凝土砌块 600×240×240		m^3	9.770	10.150
	干混砌筑砂浆 DM M10		m^3	0.710	—
	砌块砌筑粘结剂		kg	—	297.400
	水泥砂浆 1:3		m^3	—	0.100
	砌筑水泥砂浆 M7.5		m^3	—	0.080
	水		m^3	0.400	0.200
	其他材料费		%	0.288	0.265
机械	灰浆搅拌机 200L		台班	—	0.030
	干混砂浆罐式搅拌机		台班	0.071	—

4.轻质隔墙

工作内容:材料运输、安装、接口(缝)处抹水泥浆、绑扎钢丝网,膨胀螺栓U形卡固定,接缝处贴玻璃布、板底细石混凝土等。

计量单位:100m²

定额编号				4-36	4-37	4-38
项目				轻质墙板(玻纤水泥珍珠岩板)		
				板厚(mm)		
				60	85	95
名称			单位	消耗量		
人工	合计工日		工日	17.610	19.350	19.300
	其中	普工	工日	5.283	5.805	5.790
		一般技工	工日	10.566	11.610	11.580
		高级技工	工日	1.761	1.935	1.930
材料	轻质墙板 δ60		m²	105.000	—	—
	轻质墙板 δ85		m²	—	105.000	—
	轻质墙板 δ95		m²	—	—	105.000
	板枋材 杉木		m³	0.110	0.110	0.110
	玻璃布 δ0.2		m²	42.840	42.840	42.840
	U形卡		kg	37.800	45.400	48.400
	塑料膨胀螺栓		套	380.000	380.000	380.000
	107胶纯水泥浆		m³	0.030	0.030	0.030
	素水泥浆		m³	0.130	0.130	0.130
	混凝土 C30		m³	0.070	0.090	0.100
	电		kW·h	83.200	83.200	83.200

第五章　室内环境工程

说　明

一、本章定额包括室内声环境、室内光环境与视野和室内热湿环境三节，共43个定额项目。

二、室内声环境。

1. 墙面龙骨基层中龙骨间距、规格设计与定额不同时，可以调整。

2. 墙面面层项目除注明者外，均未包括压边、收边、装饰线（板），如设计要求时按《房屋建筑与装饰工程消耗量定额》（TY01—31—2015）相应项目执行。

3. 墙面基层、隔层、面层项目中设计粘接胶与定额不同时，按设计调整胶品种及消耗用量。

4. 天棚面层材料设计规格、型号和种类与定额不同时，材料进行调整，人工、机械不变。

5. 跌级天棚面层按相应项目人工乘以系数1.3。

6. 天棚检查孔的工料已包括在相应定额内，不另计算。

三、室内光环境。

采光板屋面如设计为滑动式采光顶，可以按设计增加U形滑动盖帽等部件，调整材料用量，人工乘以系数1.05。

四、室内热湿环境。

1. 建筑外遮阳采用的材料规格、品种设计与定额不同时，应调整换算。

2. 建筑外遮阳中未包括电机驱动装置和电机组控装置的购置费用，应按套列项计算，其安装工料已包括在相应项目内，不另计算。

3. 喷涂石膏抹灰墙面和柱（梁）面≤$0.5m^2$ 的少量分散的抹灰按零星抹灰列项。

4. 硅藻泥墙面以喷涂单色素面列项，区分毛面和光面做法，分色及图案做法应另行计算。

五、太阳光导入照明系统。

1. 太阳光导入照明系统分为采光部分、传导部分和输出部分。光导入照明系统装置适用于钢结构建筑和钢筋混凝土结构建筑。

2. 太阳光导入照明系统定额不包括钢结构屋顶和钢筋混凝土结构屋顶所需的洞口部位加固和防水措施，发生时执行《房屋建筑与装饰工程消耗量定额》（TY 01—31—2015）相应定额。

3. 太阳光导入照明系统定额不包括采光井混凝土的施工，若设计要求执行《房屋建筑与装饰工程消耗量定额》（TY 01—31—2015）相应定额。

4. 屋面防水帽安装定额不包括相应部位土建预留孔洞的工作内容。

5. 导光管一般不应穿越防火区域。若导光管必须竖向或横向穿越防火分区，需按设计要求做好防火措施。导光管定额不包括防火工作内容，发生时应按设计要求另行计算。

6. 漫射器包括装饰环和漫射器安装，根据装饰要求分为开放式和封闭式。开放式用于无吊顶的空间，封闭式用于有吊顶的空间。本定额为综合考虑，不区分开放式和封闭式。

工程量计算规则

一、室内声环境。

1. 龙骨、基层、隔层、面层项目按设计图示饰面尺寸以面积计算，扣除门窗洞口及单个面积 >0.3m^2 的空圈所占面积，不扣除单个面积≤0.3m^2 的孔洞所占面积，门窗洞口及孔洞面积不增加。

2. 浮筑楼板隔声垫按设计图示尺寸以主墙间面积计算，立面交接上翻部分并入平面工程量计算，扣除凸出地面的构筑物、设备基础等所占面积，不扣除间壁墙及单个面积≤0.3m^2 柱、垛、烟囱和孔洞所占面积。

3. 吸音天棚面层按设计图示尺寸以展开面积计算。天棚面中的灯槽及跌级、阶梯式、锯齿形、藻井式天棚面积展开计算，不扣除间壁墙、柱、垛、附墙烟囱、检查口和管道所占的面积，扣除单个 >0.3m^2 的孔洞、独立柱及与天棚相连的窗帘盒所占的面积。

二、室内光环境。

采光板屋面按设计图示尺寸以面积计算，不扣除单个≤0.3m^2 的孔洞所占面积。

三、室内热湿环境。

1. 卷帘遮阳、织物遮阳按设计图示卷帘宽度乘以卷帘高度(包括卷帘盒高度)以面积计算。

2. 百叶帘遮阳按设计图示叶片帘宽度乘以叶片帘高度(包括帘片盒高度)以面积计算。

3. 翼片遮阳、格栅遮阳均按设计图示尺寸以面积计算。

4. 喷涂石膏抹灰工程量按以下规定计算：

(1)内墙面喷涂抹灰石膏工程量计算应扣除门窗洞口和空圈所占的面积，不扣除踢脚线、挂镜线、≤0.3m^2 的孔洞和墙与构件交接处的面积；但其洞口侧壁和顶面抹灰亦不增加。垛的侧面抹灰面积应并入内墙面工程量内计算。内墙面抹灰长度，以主墙间的图示净长计算，其高度按设计高度确定，不扣除间壁所占的面积。

(2)柱和单梁的喷涂抹灰按结构展开面积计算，柱与梁或梁与梁接头的面积不予扣除。砖墙中平墙面的混凝土柱、梁等的抹灰(包括侧壁)应并入墙面抹灰工程量内计算。凸出墙面的混凝土柱、梁面(包括侧壁)抹灰工程量应另按相应项目单独计算。

(3)零星项目抹灰按设计图示尺寸以面积计算。

5. 硅藻泥墙面按设计图示尺寸以面积计算。

四、太阳光导入照明系统。

1. 屋面防水帽安装分为墩座式混凝土井口接口、金属屋面防水帽、自安型三种形式，分别适用于屋面垂直井道混凝土的接口、屋面绿化设施部位的接口以及钢结构屋面板的接口，以“个”为计量单位计算。

2. 采光罩按设计图示数量，以“个”为计量单位。

3. 导光管按设计图示数量，以“节”为计量单位。主要管材、管件分别为：直管每节 600mm 和 45°弯头。若要形成直角弯，需用 2 个 45°弯头组合。每个 45°弯头安装按一节计算。

4. 光线调节器安装为整体组件安装，包括电动控制器与调节蝶阀的接线安装。工程量按设计图示数量，以“个”为计量单位。

5. 光线调节器控制开关按设计图示数量，以“套”为计量单位，不包括电动控制器至控制开关的控制电线。

6. 接口转换器按设计图示数量，以“个”为计量单位。

7. 漫射器按设计图示数量，以“套”为计量单位。

一、室内声环境

1. 隔声、吸音墙面

工作内容：基层清理、定位、弹线、钻眼、安膨胀螺栓、贴胶条、安装龙骨等。　　**计量单位：**$100m^2$

定额编号				5-1
项目				轻钢龙骨(减震体系)
				减震龙骨中距
				400
名称			单位	消耗量
人工	合计工日		工日	7.565
	其中	普工	工日	1.513
		一般技工	工日	2.648
		高级技工	工日	3.404
材料	镀锌轻钢龙骨 75×50		m	198.750
	镀锌轻钢龙骨 75×40		m	58.888
	镀锌轻钢龙骨 65×15		m	294.443
	镀锌轻钢龙骨 38×12		m	58.888
	膨胀螺栓 M8×60		套	212.500
	抽芯铆钉 $\phi4\times13$		100个	1.456
	隔声胶条		m	58.333
	电		kW·h	30.660

工作内容：基层清理、刷胶、粘贴隔声毡等。 **计量单位：**100m²

定额编号				5-2
项目				隔声毡隔层
名称			单位	消耗量
人工	合计工日		工日	4.704
人工	其中	普工	工日	0.941
人工	其中	一般技工	工日	1.646
人工	其中	高级技工	工日	2.117
材料	阻尼隔声毡 δ2		m²	110.000
材料	氯丁橡胶粘接剂		kg	22.000

工作内容：龙骨基层上钉隔离层。 **计量单位：**100m²

定额编号				5-3
项目				玻璃棉毡隔离层
名称			单位	消耗量
人工	合计工日		工日	2.601
人工	其中	普工	工日	0.521
人工	其中	一般技工	工日	0.910
人工	其中	高级技工	工日	1.170
材料	玻璃棉毡 δ75		m²	105.000
材料	圆钉		kg	0.528

工作内容：铺钉面层、钉压条、清理等。　　**计量单位：**$100m^2$

定额编号				5-4
项　目				硬木条吸音墙面
名　称			单位	消 耗 量
人工	合计工日		工日	29.723
	其中	普工	工日	5.945
		一般技工	工日	10.403
		高级技工	工日	13.375
材料	板枋材杉木		m^3	2.315
	钢板网0.8×9×25		m^2	105.000
	超细玻璃棉毡		kg	105.260
	圆钉		kg	8.382

工作内容：钉或铺贴面层、清理等。　　**计量单位：**$100m^2$

定额编号				5-5
项　目				岩棉吸音板
名　称			单位	消 耗 量
人工	合计工日		工日	5.422
	其中	普工	工日	1.084
		一般技工	工日	1.898
		高级技工	工日	2.440
材料	岩棉吸音板		m^2	105.000
	圆钉		kg	2.113
	木压条15×40		m	0.032

工作内容：钉或铺贴面层、清理等。 **计量单位：**100m²

定额编号				5-6
项目				超细玻璃棉板
名称			单位	消耗量
人工	合计工日		工日	4.608
	其中	普工	工日	0.921
		一般技工	工日	1.613
		高级技工	工日	2.074
材料	超细玻璃棉板 δ50		m^2	105.000
	圆钉		kg	1.690

2. 隔声楼板

工作内容：清理基层、定位、裁切、拼接、铺设、贴缝、粘贴收口等。 **计量单位：**100m²

定额编号				5-7
项目				浮筑楼板
				隔音减震垫铺设
名称			单位	消耗量
人工	合计工日		工日	12.190
	其中	普工	工日	2.462
		一般技工	工日	4.256
		高级技工	工日	5.472
材料	隔音减震垫 δ3		m^2	110.000
	塑料粘胶带 60mm×50m		卷	3.260
	氯丁橡胶粘接剂		kg	7.290

3. 吸 音 天 棚

工作内容：安装天棚面层。　　　　　　　　　　　　　　　　**计量单位**：$100m^2$

定额编号			5-8	5-9	5-10	5-11
项目			吸音板天棚			
			矿棉吸音板	石膏吸音板	穿孔胶合板	铝合金方板
名称		单位	消耗量			
人工	合计工日	工日	8.677	8.677	17.497	5.495
	其中 普工	工日	1.736	1.736	3.499	1.099
	其中 一般技工	工日	3.037	3.037	6.124	1.923
	其中 高级技工	工日	3.904	3.904	7.874	2.473
材料	矿棉吸音板	m^2	105.000	—	—	—
	石膏吸音板	m^2	—	105.000	—	—
	胶合板 δ9	m^2	—	—	105.000	—
	铝合金吸音板	m^2	—	—	—	100.000
	铝合金靠墙条板	m^2	—	—	—	5.000
	自攻螺钉	100 个	—	—	41.176	—
	胶粘剂	kg	—	—	2.000	—

注：1. 穿孔面板按现场打孔考虑，若是成品按人工乘以系数 0.5 执行。

2. 矿棉或石膏板安在 U 形龙骨上时，增加自攻螺丝 34.50 个/m^2。

二、室内光环境与视野

1. 采 光 屋 面

工作内容：截料，制作安装龙骨支撑；刷防护材料、油漆；安装固定阳光板面层，接缝、嵌缝。

计量单位：100m²

定额编号				5-12	5-13
项目				阳光板屋面	
				铝合金龙骨上安装	钢龙骨上安装
名称			单位	消耗量	
人工	合计工日		工日	63.317	75.731
	其中	普工	工日	18.995	22.719
		一般技工	工日	37.990	45.439
		高级技工	工日	6.332	7.573
材料	阳光板		m²	107.000	107.000
	铝合金型材(综合)		kg	502.370	—
	玻璃胶 335g/支		支	20.400	—
	耐热胶垫 2×38		m	169.810	—
	镀锌六角螺栓		套	1095.000	—
	T 型钢 25×25		kg	—	20.780
	扁钢 100×10		kg	—	76.860
	扁钢 5		kg	—	399.650
	槽钢 63×40×4.8		kg	—	1966.300
	带帽六角螺栓 M12 以外		kg	—	4.510
	镀锌铁皮脊瓦 26#		m²	—	1.000
	建筑油膏		kg	—	89.260
	圆钉		kg	—	1.400
	无光调和漆		kg	—	38.440
	橡胶垫片 250 宽		m	169.400	104.740
	橡胶垫片 25		m	—	64.660
	橡胶条(大)		m	161.640	161.640
	橡胶条(小)		m	161.640	161.640
	铁件(综合)		kg	74.650	74.650

2. 太阳光导入照明系统

(1) 屋面防水帽

工作内容：定位、防水帽安装固定、保温套安装、接口打胶。　　**计量单位**：个

定额编号				5-14	5-15	5-16
项目				墩座式砼井口接口防水帽	金属屋面防水帽	自安型防水帽
				方形 600×600（内圆 ϕ570）	圆形 ϕ600	外圆 ϕ910
名称			单位	消耗量		
人工	合计工日		工日	0.173	0.160	0.195
	其中	普工	工日	0.052	0.048	0.059
		一般技工	工日	0.095	0.088	0.107
		高级技工	工日	0.026	0.024	0.029
材料	墩座式砼井口接口屋面防水帽方形 600×600(个)		个	1.000	—	—
	金属屋面防水帽圆形 ϕ600		个	—	1.000	—
	自安型防水帽外圆 ϕ910		个	—	—	1.000
	尼龙胀管 ϕ6~8		个	8.000	—	12.000
	自攻螺钉 ST4×30		个	8.000	6.000	12.000
	冲击钻头 ϕ6~8		个	0.070	—	0.110
	耐高温防水胶 380g 290mL		支	1.000	0.880	1.110
	其他材料费		%	1.000	1.000	1.000

(2) 采　光　罩

工作内容：定位、采光罩安装。　　**计量单位**：个

定额编号				5-17	5-18
项目				采光罩外径(mm 以内)	
				ϕ350	ϕ600
名称			单位	消耗量	
人工	合计工日		工日	0.093	0.103
	其中	普工	工日	0.028	0.031
		一般技工	工日	0.051	0.057
		高级技工	工日	0.014	0.015
材料	采光罩 ϕ350		个	1.000	—
	采光罩 ϕ600		个	—	1.000
	自攻螺钉 ST4×30		个	6.000	8.000

(3)导 光 管

工作内容:定位、悬吊绳制作安装、导光管连接安装。 **计量单位**:节

定额编号				5-19	5-20
项目				ϕ350 以内 $L=600$mm	ϕ600 以内 $L=600$mm
名称			单位	消耗量	
人工	合计工日		工日	0.253	0.298
	其中	普工	工日	0.076	0.089
		一般技工	工日	0.139	0.164
		高级技工	工日	0.038	0.045
材料	导光管 ϕ350 以内 $L=600$mm		节	1.000	—
	导光管 ϕ600 以内 $L=600$mm		节	—	1.000
	冲击钻头 ϕ12		个	0.030	0.030
	镀锌六角螺栓带螺母 M12×(14~75)		10 套	0.200	0.200
	铝箔胶带 48mm×20m		卷	0.063	0.125
	膨胀螺栓 M10×80		套	2.000	2.000
	自攻螺钉 ST4×30		个	4.600	7.200
	其他材料费		%	2.000	2.000

(4)光线调节器、转换器、漫射器

工作内容:光线调节器安装固定,控制器接线,调试。 **计量单位**:个

定额编号				5-21	5-22
项目				光线调节器	
				ϕ350 以内	ϕ600 以内
名称			单位	消耗量	
人工	合计工日		工日	0.115	0.126
	其中	普工	工日	0.035	0.038
		一般技工	工日	0.063	0.069
		高级技工	工日	0.017	0.019
材料	光线调节器		个	1.000	1.000
	铝箔胶带 48mm×20m		卷	0.132	0.207
	自攻螺钉 ST4×30		个	4.000	4.000
	其他材料费		%	2.000	2.000
机械	手持式万用表		台班	0.063	0.063

工作内容:1. 光线调节器控制开关安装固定,控制器接线,调试;
2. 接口转换器安装固定;
3. 漫射器:导光管环固定,漫射器安装,装饰环安装。

定额编号				5-23	5-24	5-25
项目				光线调节器控制开关(个)	导光管接口转换器(个)	漫射器(套)
名称			单位	消耗量		
人工	合计工日		工日	0.069	0.080	0.275
	其中	普工	工日	0.021	0.024	0.083
		一般技工	工日	0.038	0.044	0.151
		高级技工	工日	0.010	0.012	0.041
材料	调节器控制开关		个	1.000	—	—
	导光管接口转换器		个	—	1.000	—
	漫射器		套	—	—	1.000
	自攻螺钉 ST4×30		个	2.000	—	4.000
	铝箔胶带(45mm 卷)		卷	—	0.179	0.250
	其他材料费		%	5.000	2.000	2.000
机械	手持式万用表		台班	0.052	—	—

三、室内热湿环境

1. 建筑外遮阳

工作内容:导轨、卷帘盒、手动和电机驱动装置及附件安装、调试等。　　**计量单位**:$100m^2$

定额编号				5-26	5-27
项目				卷帘遮阳	
				导轨导向式	
				手动	电动
名称			单位	消耗量	
人工	合计工日		工日	42.720	46.968
	其中	普工	工日	12.816	14.088
		一般技工	工日	25.632	28.184
		高级技工	工日	4.272	4.696
材料	卷帘遮阳卷帘盒		m	61.400	61.400
	卷帘遮阳导轨		m	105.300	105.300
	帘片 42 宽		m	2367.600	2367.600
	卷帘遮阳摇柄驱动装置		套	32.680	—
	其他材料费		%	6.000	6.000

工作内容：导轨、罩壳及附件的安装和调试等。 **计量单位**：$100m^2$

定额编号				5-28	5-29
项目				织物遮阳	
				手动导向式	
				导轨	导索
名称			单位	消耗量	
人工	合计工日		工日	34.160	29.840
	其中	普工	工日	10.248	8.952
		一般技工	工日	20.496	17.904
		高级技工	工日	3.416	2.984
材料	织物遮阳卷帘盒		m	68.000	68.000
	织物遮阳导轨		m	136.000	—
	不锈钢导索 3mm		m	—	136.000
	帘布		m^2	105.000	105.000
	织物遮阳底杆		m	68.000	68.000
	导索固定件		只	—	44.440
	织物遮阳摇柄驱动装置		套	44.440	44.440
	其他材料费		%	3.000	3.000

工作内容：导轨、罩壳及附件的安装和调试等。 **计量单位**：$100m^2$

定额编号				5-30	5-31
项目				百叶帘遮阳	
				电动式	
				导索	导轨
名称			单位	消耗量	
人工	合计工日		工日	33.600	33.600
	其中	普工	工日	10.080	10.080
		一般技工	工日	20.160	20.160
		高级技工	工日	3.360	3.360
材料	百叶帘帘片盒		m	33.360	33.360
	不锈钢导索 3mm		m	76.800	—
	百叶帘遮阳导轨		m	—	55.200
	平叶片帘 50 宽		m^2	101.000	—
	卷边叶片帘 50 宽		m^2	—	101.000
	百叶帘遮阳底杆		m	33.360	33.360
	导索固定件		只	25.600	—
	其他材料费		%	1.000	1.000

工作内容：翼片固定、配件和电机安装及调试等全活。　　　　**计量单位**：100m²

定额编号				5-32	5-33
项目				翼片遮阳	
				固定式	可调式
名称			单位	消耗量	
人工	合计工日		工日	33.600	43.200
	其中	普工	工日	10.080	12.960
		一般技工	工日	20.160	25.920
		高级技工	工日	3.360	4.320
材料	机翼叶片200宽		m	500.000	500.000
	翼片遮阳单边固定件		套	62.500	—
	翼片遮阳双边固定件		套	93.800	—
	翼片遮阳单边轴组		套	—	62.500
	翼片遮阳双边轴组		套	—	93.800
	翼片遮阳连接端盖		套	125.000	125.000
	其他材料费		%	0.600	0.600

工作内容：龙骨固定、扣板安装等。　　　　**计量单位**：100m²

定额编号				5-34	5-35
项目				格栅遮阳	
				水平	垂直
名称			单位	消耗量	
人工	合计工日		工日	23.520	28.240
	其中	普工	工日	7.056	8.472
		一般技工	工日	14.112	16.944
		高级技工	工日	2.352	2.824
材料	膨胀螺栓 M10×45		套	333.300	—
	格栅遮阳扣板84宽		m	1000.000	1000.000
	格栅遮阳铝合金龙骨		m	125.000	125.000
	格栅遮阳防风扣		套	104.200	104.200
	格栅遮阳钢筋拉杆		m	50.000	—
	其他材料费		%	0.100	0.200

2. 喷涂抹灰石膏

工作内容:1. 清理基层、修补堵眼、湿润基层、调运浆料、清扫落地灰;
2. 喷涂石膏、抹灰找平(包括护角线)、面层压光。

计量单位:100m²

定额编号				5-36	5-37	5-38
项目				喷涂抹灰石膏		
				18mm 厚		
				砖墙	混凝土墙	轻质墙
名称			单位	消耗量		
人工	合计工日		工日	11.500	12.600	12.500
	其中	普工	工日	2.300	2.520	2.500
		一般技工	工日	4.025	4.410	4.375
		高级技工	工日	5.175	5.670	5.625
材料	喷涂抹灰石膏		t	2.110	2.040	2.110
	干混抹灰砂浆 DP M15		m^3	0.030	0.030	0.030
	白色硅酸盐水泥 32.5		kg	—	20.879	20.879
	建筑胶		kg	—	7.280	7.280
	水		m^3	2.347	2.297	2.347
机械	粉料混合喷涂泵		台班	0.450	0.440	0.450

工作内容:1. 清理基层、修补堵眼、湿润基层、调运浆料、清扫落地灰;
2. 喷涂石膏、抹灰找平(包括护角线)、面层压光。

计量单位:100m²

定额编号				5-39	5-40
项目				喷涂抹灰石膏	
				18mm 厚	
				矩形柱梁面	多边形、圆形柱梁面
名称			单位	消耗量	
人工	合计工日		工日	18.000	24.400
	其中	普工	工日	3.600	4.880
		一般技工	工日	6.300	8.540
		高级技工	工日	8.100	10.980
材料	喷涂抹灰石膏		t	1.970	1.970
	干混抹灰砂浆 DP M15		m^3	0.410	—
	白色硅酸盐水泥 32.5		kg	20.879	20.879
	建筑胶		kg	7.280	7.280
	水		m^3	2.407	2.237
机械	粉料混合喷涂泵		台班	0.500	0.410

工作内容：1. 清理基层、修补堵眼、湿润基层、调运浆料、清扫落地灰；

2. 喷涂石膏、抹灰找平(包括护角线)、面层压光。　　**计量单位**：100m²

定额编号				5-41
项目				喷涂抹灰石膏
				零星抹灰
名称			单位	消耗量
人工	合计工日		工日	26.800
	其中	普工	工日	5.360
		一般技工	工日	9.380
		高级技工	工日	12.060
材料	喷涂抹灰石膏		t	2.070
	干混抹灰砂浆 DP M15		M3	0.410
	白色硅酸盐水泥 32.5		kg	20.879
	建筑胶		kg	7.280
	水		m^3	2.297
机械	粉料混合喷涂泵		台班	0.440

3. 硅藻泥墙面

工作内容：清理基层、刮腻子、刷封底、贴保护膜、喷涂面层、压平收光等。　　**计量单位**：100m²

定额编号				5-42	5-43
项目				硅藻泥墙面(无图案不分色)	
				喷涂两遍成活	
				毛面	光面
名称			单位	消耗量	
人工	合计工日		工日	5.434	7.245
	其中	普工	工日	1.087	1.449
		一般技工	工日	1.902	2.536
		高级技工	工日	2.445	3.260
材料	白色硅酸盐水泥 32.5		kg	300.000	300.000
	建筑胶		kg	96.000	96.000
	抗碱底涂料		kg	30.000	30.000
	硅藻泥		kg	136.000	136.000
	塑料薄膜		m^2	18.000	18.000
	其他材料费		%	1.500	1.500
机械	电动空气压缩机 0.3m³/min		台班	1.000	1.000

附录　绿色建筑增量成本参考指标

编 制 说 明

一、本指标按照《绿色建筑评价标准》GB/T 50378－2014 要求，因选择节地与室外环境、节能与能源利用、节水与水资源利用、节材与材料资源利用、室内环境质量等利用技术方案而增加的成本，可作为绿色建筑工程项目投资决策、项目评估、方案比选等的参考。

二、根据绿色建筑工程的特点，本指标分绿色建筑技术增量单项指标和绿色建筑工程增量综合指标，绿色建筑技术增量单项指标从节地与室外环境、节能与能源利用、节水与水资源利用、节材与材料资源利用、室内环境质量、运营管理、提高与创新、绿建咨询、节能评估等九个方面，对比了绿色技术工艺与传统技术工艺的造价，给出了增量成本参考区间；绿色建筑工程增量综合指标分公共建筑和居住建筑，分别测算并给出了一星级、二星级、三星级的增量成本参考区间。

三、编制说明。

1. 本指标中绿色建筑的运营维护费用仅考虑了能耗监控系统的费用。

2. 本指标按照 2016 年 6 月的市场价格编制。

3. 本指标仅供参考。

1. 绿色建筑技术增量成本单项参考指标

绿色建筑技术增量成本单项参考指标表

序号	绿色评价类别	绿色技术措施	绿色技术工艺		传统技术工艺		单位	增量	相关说明
			主要技术特征	造价	主要技术特征	造价			
1	节地与室外环境	透水铺装	彩色透水砼（120mm 厚混凝土）	120 ~ 160	普通混凝土道路（120mm 厚混凝土）	60	元/m^2	60 ~ 100	与品牌、透水率、工程量有关，本处的平方米指的是透水铺装面积
			改性透水沥青（50mm 厚沥青面层）	80 ~ 100	普通沥青道路（50mm 厚沥青面层）	60	元/m^2	20 ~ 40	与面层的厚度、工程量有关，本处的平方米指的是透水铺装面积
			透水砖（车载）（300mm × 300mm × 55mm）	130 ~ 180	普通砼道路	60	元/m^2	70 ~ 120	与透水率有关，本处的平方米指的是透水铺装面积
			透水砖（人行）（60mm 厚水泥砖）	80 ~ 100	普通砖	40	元/m^2	40 ~ 60	
			人工湿地	1000 ~ 2300	—	0	元/m^2	1000 ~ 2300	根据湿地规模估价，与选用水生植物、设备处理能力等有关联，本处的平方米指湿地面积
			雨水花园	300 ~ 500	—	0	元/m^2	300 ~ 500	与生物滞留设施类型有关，本处的平方米指雨水花园面积
		土壤氡气监测	检测数：16 ~ 96 点	200 ~ 300	—	0	元/点位	200 ~ 300	—
			检测数：96 ~ 320 点	100 ~ 200				100 ~ 200	—
			检测数：320 点以上	40 ~ 100				40 ~ 100	—
		光污染控制	玻璃幕墙可见光反射比不大于 0.2	—	普通玻璃幕墙（中空玻璃）	—	—	10% ~ 15%	框架式幕墙
		屋顶绿化	轻型屋面：覆土厚度 300 ~ 600mm	200 ~ 500	无绿化，普通防水卷材	30 ~ 50	元/m^2	170 ~ 450	增加种植土、阻根层、排水层、隔气层，本处的平方米指绿化面积
			重型屋面：覆土厚度 800 ~ 1200mm	600 ~ 800			元/m^2	570 ~ 750	
		垂直绿化	传统型或传统辅助型：攀缘植物和垂吊植物	30 ~ 100	无垂直绿化	0	元/m^2	30 ~ 100	与攀缘植物的品种、栽培的方式、植物造型及绿化浇灌养护方式有关；本处的平方米指绿化面积

续表

序号	绿色评价类别	绿色技术措施	绿色技术工艺：主要技术特征	绿色技术工艺：造价	传统技术工艺：主要技术特征	传统技术工艺：造价	单位	增量	相关说明
1	节地与室外环境	垂直绿化	模块装配型：钢结构层作为主龙骨，用塑料模块安置绿化苗木	800～3000	无垂直绿化	0	元/m^2	800～3000	与植物的品种、栽培的方式、植物造型及绿化浇灌养护方式有关；本处的平方米指绿化面积
2	节能与能源利用	围护结构热工性能指标	比现行节能标准提高5%	—	围护结构传统保温	—	—	5%～15%	—
			比现行节能标准提高10%	—	围护结构传统保温	—	—	15%～20%	—
		高效变频风机和水泵	变频装置	—	无变频装置	0	元/kW	1000～3000	与品牌有关；功率指水泵、风机的功率
		智能照明控制系统	分区、定时、感应：照度、照明密度	1200～1500	无控制系统	0	元/回路	1200～1500	与品牌有关；回路指控制系统的回路
		电梯、自动扶梯节能控制系统	扶梯自动启停、变频调速等	50000～150000	无节能控制系统	0	元/套	50000～150000	与品牌有关
		能量综合利用	热回收新风机组	公共建筑：4～6	普通新风机组	2～3	元/(m^3/h)	2～3	热回收效率不低于60%
				居住建筑：1500～2000	—	0	元/户	1500～2000	
			蓄冷蓄热系统	400～600	普通水冷空调系统	300～400	元/m^2	100～200	30%蓄能，含冷热源及末端的整套系统。本处的平方米指制冷(热)面积
			地源热泵系统	380～550	普通水冷空调系统	300～400	元/m^2	80～150	30%地源散热，含冷热源及末端的整套系统。本处的平方米指制冷(热)面积
			水源热泵系统	340～480	普通水冷空调系统	300～400	元/m^2	40～80	30%水源散热，含冷热源及末端的整套系统。本处的平方米指制冷(热)面积
			空气源热泵系统(生活热水)	居住建筑	电热水器或者燃气热水器	—	元/户	2000～4000	与处理水量、空气源热水器的功率及品牌有关
				公共建筑	电热水器或者燃气热水器	—	—	20%～25%	

续表

序号	绿色评价类别	绿色技术措施	绿色技术工艺		传统技术工艺		单位	增量	相关说明
			主要技术特征	造价	主要技术特征	造价			
2	节能与能源利用	能量综合利用	太阳能热水系统	居住建筑	电热水器或者燃气热水器	—	元/户	1000～5000	与处理水量、品牌有关
			太阳能热水系统	公共建筑		—	—	20%～25%	
			太阳能光伏发电	平屋面 8～10	—	0	元/W	8～10	离网发电比并网发电高 20%
				坡屋面 9～15	—	0	元/W	9～15	
			幕墙通风器	380～500	—	0	延长米	380～500	—
3	节水与水资源利用	雨水回收利用	绿化、道路冲洗	200000～400000	—	0	元/套	200000～400000	模块蓄水池造价与模块大小、设备处理能力、管线长度有关，本处每套按模块蓄水池容积 $100m^3$ 以内考虑
		中水回用	室内冲厕用中水比例不低于 50%	4000～5000	—	0	元/m^3	4000～5000	常见的中水处理方法包括物化处理法、生物处理法、膜生物反应器处理法 3 类。本处所列为膜生物反应器处理法，与处理原水量大小有关
		节水灌溉	喷灌	20～45	人工浇灌	5～10	元/m^2	15～35	喷灌覆盖面积不少于 90% 的绿化。面积为节水灌溉面积
			微灌、滴灌	40～80	—	0	元/m	40～80	与管道长度、水源距离及人工成本有关。长度指管道长度
		节水器具	用水效率不低于 2 级	—	普通器具	—	—	10%～15%	与品牌有关
		用水计量	按用途设置	150～800	—	0	元/套	150～800	与计量器具有关
4	节材与材料资源利用	工业化预制构件	PC 率小于 30%	—	商品混凝土现浇	—	—	8%～12%	±0.00 以上
			PC 率小于 50%	—	商品混凝土现浇	—	—	18%～22%	
			PC 率高于 50%	—	商品混凝土现浇	—	—	25%～30%	
		混凝土	预拌混凝土	380	现拌混凝土	260	元/m^3	120	—
		砂浆	预拌砂浆	440	现拌砂浆	180	元/m^3	260	—

续表

序号	绿色评价类别	绿色技术措施	绿色技术工艺		传统技术工艺		单位	增量	相关说明
			主要技术特征	造价	主要技术特征	造价			
4	节材与材料资源利用	采用高耐久性建筑结构材料	高耐久性混凝土	600	普通预拌混凝土	380	元/m^3	220	—
			耐候型防腐涂料	50	普通防腐涂料	30	元/m^2	20	本处面积指喷涂面积
5	室内环境质量	屋面	采光屋面	1500～2000	普通混凝土屋面	800～1000	元/m^2	700～1000	—
		楼板	浮筑楼板(5厚减震垫板)	25～40	—	0	元/m^2	25～40	3层复合减震垫板,隔声玻璃棉板为离心玻璃棉
			浮筑楼板(20厚专用隔声玻璃棉板)	10～30	—	0	元/m^2	10～30	
		可调节遮阳	活动机翼遮阳	1000～2500	—	0	元/m^2	1000～2500	与品牌、工程量、控制方式有关。控制方式有手动和电动;本处面积指遮阳面积
			织物卷帘外遮阳	200～600	—	0	元/m^2	200～600	
			金属卷帘外遮阳	500～1500	—	0	元/m^2	500～1500	
			中置百叶遮阳	800～1500	—	0	元/m^2	800～1500	未包含幕墙玻璃价格在内,与品牌、工程量、控制方式有关。控制方式有手动和电动。本处面积指遮阳面积
		光导照明	平均采光系数大于0.5%、地下室面积大于5%	4000～6000	—	0	元/套	4000～6000	与导光管管道长度有关
		室内空气质量监控系统	对室内CO_2浓度进行监测并与通风系统联动	2000～4000	—	0	元/点位	2000～4000	与工程量有关
			在地下车库设置CO浓度监测装置且与排风设备联动	2000～4000	—	0	元/点位	2000～4000	
6	运营管理	能耗监控系统	能耗监控系统	2500～5000	—	0	元/点位	2500～5000	

续表

序号	绿色评价类别	绿色技术措施	绿色技术工艺 主要技术特征	绿色技术工艺 造价	传统技术工艺 主要技术特征	传统技术工艺 造价	单位	增量	相关说明
7	提高与创新	BIM 技术	规划设计、施工、运营阶段运用了 BIM 多维模型信息集成技术，实现数据共享并协同工作	10 ~ 25	—	0	元/m^2	10 ~ 25	与工程量大小、工程特点 BIM 技术应用深度有关；本处的平方米指建筑面积
		空气净化装置	在主要功能房间设置适合类型的空气净化装置	5 ~ 15	—	0	元/m^2	5 ~ 15	与净化装置品牌、种类及净化面积有关，本处的面积指净化面积
8	绿建咨询费	绿色建筑设计、咨询、认证全过程	居住建筑	100000 ~ 500000	—	0	元/项目	100000 ~ 500000	与项目复杂度、建筑类型、工程量有关
			公共建筑 一星级	100000 ~ 300000	—	0	元/项目	100000 ~ 300000	
			公共建筑 二星级	150000 ~ 500000	—	0	元/项目	150000 ~ 500000	
			公共建筑 三星级	300000 以上	—	0	元/项目	300000 以上	
9	节能评估咨询费	节能设计、优化	判断项目节能潜力，提供节能策略	50000m^2以下：2 ~ 3	—	0	元/m^2	2 ~ 3	与工程量有关，本处的面积指建筑面积
				50000m^2以上：1 ~ 2	—	0	元/m^2	1 ~ 2	

2. 绿色建筑工程增量成本综合参考指标

绿色建筑工程增量成本综合参考指标表

建筑类型	绿色建筑星级	增量成本(元/m^2)
公共建筑	一星级	30 ~ 50
	二星级	100 ~ 200
	三星级	300 ~ 500
居住建筑	一星级	20 ~ 40
	二星级	80 ~ 150
	三星级	200 ~ 350

主编单位：浙江省建设工程造价管理总站
参编单位：上海市建筑建材业市场管理总站
江苏省建设工程造价管理总站
温州市建设工程造价管理处
常州市建设工程造价管理站
编制人员：张金星 季 挺 蔡临申 李江波 胡建明 李 萍 丁 锋 陈俊宇 吴敏彦 李 锋
蔡 菁 葛鑫钦 秦 嘉 张苏琴 季胜杰 汤寿坤 张程炜 孙晓东 汪一江 田洁莹
姚文青 朱钢敏 曹良春 李新忠 孙 璐 吕 晶 赵 俭 周海东 林敏敏 谢 含
梁建宽 林 杰 张跃军 邹东海 张圣卿 朱鸿寅 黄志挺 王国彦 陈君富 曾 森
钱江平 蔡红伟 张立亮 卢 扬 刘 飞 张 凯 郑丽军